小书本 大世界 XIAOSHUBEN DASHIJIE

外星人与UFO未解之谜

崔钟雷 主编

吉林美术出版社 | 全国百佳图书出版单位

图书在版编目（CIP）数据

外星人与UFO未解之谜 / 崔钟雷主编. —长春：吉林美术出版社，2010.10（2022.1重印）
（小书本大世界）
ISBN 978-7-5386-4733-4

Ⅰ.①外… Ⅱ.①崔… Ⅲ.①地外生命-青少年读物②飞碟-青少年读物 Ⅳ.①Q693-49②V11-49

中国版本图书馆CIP数据核字（2010）第185738号

书　　名：外星人与UFO未解之谜

策　　划　钟　雷
主　　编　崔钟雷
副 主 编　刘志远　芦　岩　杨亚男
出 版 人　赵国强
责任编辑　栾　云
开　　本　787×1092毫米　1/16
字　　数　100千字
印　　张　11
版　　次　2010年10月第1版
印　　次　2022年1月第4次印刷

出　　版　吉林出版集团
　　　　　吉林美术出版社
发　　行　吉林美术出版社图书经理部
地　　址　长春市人民大街4646号
　　　　　邮编：130021
电　　话　图书经理部：0431-86037896
网　　址　www.jlmspress.com
印　　刷　北京一鑫印务有限责任公司

ISBN 978-7-5386-4733-4　　定价：35.80元

前言 QIAN YAN

广阔的宇宙如此浩瀚，有太多的谜团吸引我们好奇的心；纷繁的世界如此丰富，有太多的精彩诱惑我们明亮的眼睛。

在快节奏的现代生活里前行，我们有时需要静下心来翻开一本书，让疲惫的精神在知识的家园里徜徉。“小书本大世界”这套丛书，便可以满足我们的需要。

本系列丛书编入了人们最感兴趣的话题，并且图文并茂，图说新颖。未解之谜包含了自然、社会、历史众多的悬疑奇案，《动物世界》展现了各种动物的千姿百态，《十万个为什么》解答了大千世界的种种疑问，《88位中外名人故事》演绎了各位名人成才的艰辛历程，《地球之最》涵盖了人类家园的最新知识。

小小的书本里面蕴藏着一个大大的世界，在小书本里面，可以汲取无尽的知识，可以开阔狭窄的视野，还可以带来心灵上的轻松和愉悦。那么，让我们快速打开这套书，享受其中的乐趣吧。

编　者

目录 MU LU

惊人的报道

探寻 UFO 基地

专家对 UFO 的探索

第三类接触

遗落的史前文明

遗落的史前文明闪烁着奇异的光彩。远古神秘的核爆炸、史前的原子反应堆、突现的水晶人头骨……站在斑驳的遗迹前，我们不禁浮想联翩……

远古文明之谜

1935 年 9 月，在瑞士苏黎世召开了第十届 AASC 古代宇航员协会国际会议。“地球人类实际上不是完全独立发展而来的，而是由于远古的某一时期与来自地球外的文明生物进行了若干接触，受干涉乃至援助而逐步进化出来的。”——这项命题便是宇宙考古学的研究命题。宇宙考古学的目的是科学地验证这个基本命题是否成立。

谜团重重

在人类文明的进程中，人类在认识神秘的未知现象的领域走过了一段漫长的道路，过去许多使人感到困惑不解的事物，人们已经能够科学地认识它们。但是，在考古学上仍然有许多历史悬案使世人感到疑惑不解，它们像谜一样萦绕在人类的记忆之中。

案例展现

目前，已发现的大量人类化石和考古发掘的遗址表明，人类的文明史中有许多现象具有超自然力量的“影子”：

是否有来自宇宙的智能生物曾访问过我们这个星球，并且有意无意地促使了人类进步？

古代的居民如果没有同先进的文明接触过，他们怎么会掌握那些神奇的科学知识呢？

史前人类留下的那些即使在今天也令人叹为观止的建筑奇迹是如何

建造完成的呢?

古人（如埃及人）是用什么方法将巨大而坚硬的石块开采出来，并进行切割、起吊，而且还长途搬运的呢?在没有使用灰浆的情况下他们又是如何将之垒砌成雄伟的建筑物的呢?

古人如何会懂得复杂的建筑艺术、数学、物理、化学和天文学的高深知识呢?

那些描绘现代物品、先进技术或者物理学、天文学现象的古代岩画、石雕、传说和史诗等作品，是如何创作出来的?这些作品的完成似乎与人类正常的发展速度并不协调。

新石器时代和青铜器时代的人们掌握了哪些冶炼技术，以至于能加工出某种金属，甚至可以生产出铝、铜和不锈钢合金?是谁发明或者是谁教会了古人这些技术?

是什么样的技术使远古人类能够制造出钴含量很高并带磁性的石头圆盘、发电机、伏打电池乃至打磨过的水晶透镜和比今天的纺织品还要精细的织物?又是何种工艺能使他们切割

石头的精度达到毫米，加工金属的精度达到微米？古人留下的放射性物质痕迹又说明了什么？古代的飞行器如何应用了汞和钛？

远古的人们是从哪里获得不仅有关太阳系，而且有关遥远的银河系中星球的确切知识？古人丰富的天文学知识也经常令现代人目瞪口呆。

远古人从哪里获得了丰富的数学知识，以至能够计算到小数点后第十五位，并解开了一些只有电子计算机才办得到的立体几何难题？他们又是从何处获得了物理学的知识，能够描述太空飞行及其特有的现象，诸如失重、速度的加大对人体造成的后果，以及“时间的延缓”等概念的呢？

有些古老的描述、名称或者地图包含着地球某些地区甚至整个大洲的详细情况，这些显然是从空中乃至高空进行测量才能得出的结果——这又说明了什么？

人类远古祖先从哪里获得了惊人的解剖学和医学知识，以至能够进行摘除白内障、开颅和整容手术，而且还能准确地截断和再植骨头，治疗一些复杂的血液循环、呼吸系统疾病与内科传染病？古代果真有无所不能的神医吗？

古人修建了长达 60 千米的降落跑道，在 250 米高的岩壁上雕凿出方位标记，并且建造了圆拱形堡垒和入口设在屋顶的塔式房屋……这一切是何人完成的？这些东西又是用来做什么的呢？

某些远古岩画和半浮雕上的人物服装怎么会与现代人的服装——手套、靴子、灯笼裤或紧腿裤、毛衣、羊皮里上衣等不可思议地相似呢？新石器时代的人们受到什么图案的启发，设计出了带有天线、头盔、呼吸器、观察孔、眼镜、金属按扣、密封装置和贮气筒的古怪潜水服或飞行服呢？

为什么有些传说中神仙乘坐的是水流推动的物体或机器，而且全都装有轮子、履带、翅膀和探照灯，起飞时能“喷烟吐雾”，这些难道纯粹是人类祖先主观的臆想吗？

上述这些在今天看来都颇为神异的事件，却一件件真实地发生在人类的远古时代，发生在茹毛饮血的石器时代，这样的谜团如果能解开，对我们人类今天的发展意义将非常重大。

远古时代的宇航员

艺术是社会生活的重要反映形式，它可以比较形象地反映当时人们的生活状态，绘画艺术更是如此。画家总是根据他所熟悉的东西作画。令人百思不得其解的是，在世界各地发现的某些岩石壁画，却完全违背了这个规律……

无名峡谷传奇

1933 年，驻扎在撒哈拉的法军中尉布伦南带领一支侦察队进入了塔里西山脉中的一个无名峡谷，并在这荒无人烟的峡谷石壁上发现了大量壁画。1956 年，他们对壁画进行了专门的考察，发现画中记述的是 10 000 年前的景象。其中有不少作品画的是“圆头”人像，画上的人有一个巨大的圆头，身穿厚重笨拙的服饰，有两只眼睛，却没有嘴巴和

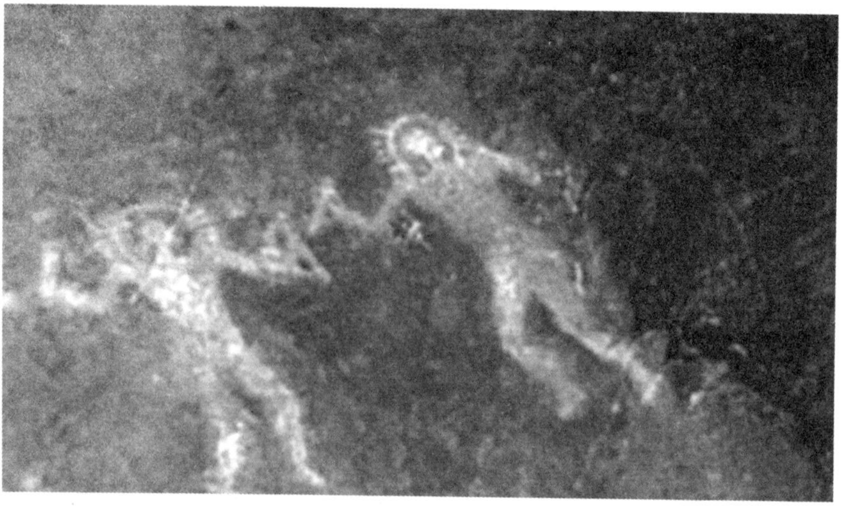

鼻子。现在看来，这些圆头人像与现在戴着航天帽、穿着航天服的宇航员颇有相似之处。

考察队员发现，为数较多的岩画上都有身着类似航天服装的人物形象或近似于现代飞行器一类的图案。据考证，创作这些壁画时，人类文明还处在萌芽阶段，生产力落后，技术手段陈旧，而远古的人类绝对制造不出这样密封式的头盔，绝不会超越时代假想出这样的设备，更何况这些宇宙人的模样又是出现在人迹罕至的山石上。所以，这些岩画中所表达出来的真正含义仍令人难以理解。

帕伦克艺术品

墨西哥的帕伦克有不少墓碑上都刻有图画。据说这些艺术作品是玛雅人的杰作。其中有一幅刻在玛雅僧侣石棺上的浮雕画非常奇特。画上描绘的是一个男子的形象，他曲身向前，双手握在一些把手或旋钮上，似乎是坐在一个正在飞行的飞船座舱里，排气部还冒着火花。这台机器边上雕刻着太阳、月亮和灿烂的群星。这分明就是行驶在宇宙中的航天器啊！这幅岩画最引人注目的是他双手放在飞行器的凸出部分——大概是操纵杆或把手上。在古代的墨西哥，根本没有任何种类的飞行器，更谈不上宇宙飞船了。那么，玛雅人真的是在向我们传达一个关于外星人的故事吗？

多贡人的飞船绘画

多贡人至今还保存着一张图画，图画描绘的是他们信仰的神驾驶一艘拖着一条火焰的飞船从天而降的场面。而且多贡人在这张图画上不仅画了一个圆圈来代表月面，而且在月面的左下方画有 7 条以辐射状散开的细纹线。这就是说，这幅月图准确地表现了月球上大环形山中心辐射出的巨大辐射纹。这一成果如果在望远镜问世之后出现当然不足为奇，但是尚处于原始社会的人类居然能够将这些图描绘得如此清晰，令人感到十分意外。

外星人遗址

柴达木盆地位于我国青藏高原的东北部，北依高大的祁连山，西临阿尔金山，南接昆仑山和唐古拉山系，总面积为 32 万平方千米。它在亿万年前曾是一片汪洋大海，欧亚板块的漂移和喜马拉雅山脉的隆起造就了这块高原盆地。那茫茫的草原曾是西羌族的牧场、吐谷浑古国的中兴之地、吐蕃政权的广袤疆野和“西蒙古”和硕特首领固始汗统一青藏高原的福地，也是通往西域的“丝绸辅道”的著名通衢。

托素湖

托素湖畔的“外星人遗址”是柴达木盆地最神秘的地方。盆地西南有两个高原湖泊如璀璨的明珠镶嵌在盆地上，一个被叫作托素湖，一个被称为可鲁克湖。令人不可思议的是托素湖为咸水湖，而可鲁克湖却是淡水湖，巴音河将其隔开，两湖水质泾渭分明。

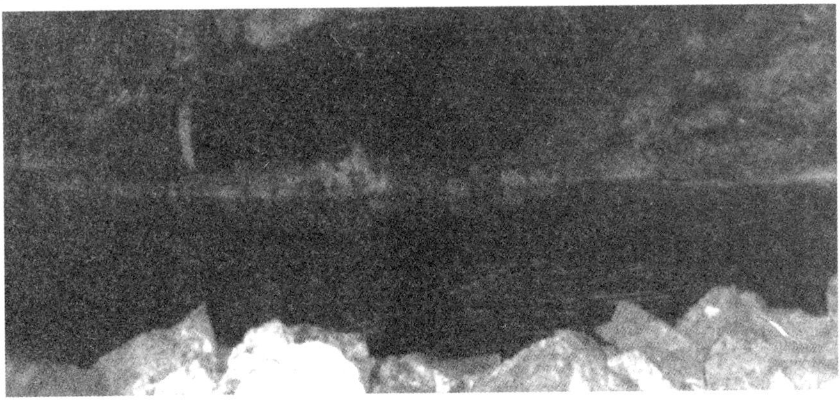

外星人的踪迹

托素湖畔的“外星人遗址”是柴达木盆地最神秘的地方。在托素湖的东北角有一座白山，当地人称其为白公山。白公山位于青海省海西蒙古族藏族自治州首府德令哈市西南 40 多千米处的怀头他拉乡，它四面被荒漠和沼泽包围，沙丘和戈壁随处可见。白公山上的岩洞形状像一个巨大的问号，而白公山上那些神秘的文字更令人感到神秘莫测。这里真的就是外星人造访地球时留下的遗迹吗？从柴达木盆地目前发现的人类活动的文物资料来看，这一地区的人类最早活动时限可追溯到上万年以前。在出土文物中，远者有兽骨、石器、陶器或皮革，近者有青铜器、刀箭和丝绸织物，等等，虽然也有毛纺织品，但都工艺简单、制作粗糙。柴达木盆地自然条件恶劣，人烟稀少，当地民族从未有过较发达的工业开发史。遍查史书，也从未找到有关此地工业的只言片语的记载。解放以后，国家曾经几次大规模开发过柴达木盆地，但根本未在托素湖周围施过工。据当地人回忆，除了白公山北草滩偶有流动牧民外，这一地带没有任何居民定居过。所以可以肯定，托素湖畔没有古人或现代人的大规模工业遗址。

岩洞探秘

近年来，人们在白公山上发现了神秘铁管，这引发了人们浓厚的兴趣。有些人甚至认为这是外星人的遗留物，他们的依据是柴达木盆地地

势高、空气稀薄、透明度极好，是观测天体宇宙的理想地点。依据这种观点分析，托素湖一带是星际交往的最佳地点，外星人如果光临地球，托素湖应该是首选升降地点之一。白公山山脚下依次分布着 3 个岩洞，中间的岩洞最大，而其余的两个已经被坍塌的碎石掩埋。中间的洞穴离地面约有 2 米，洞深约 6 米，最高处约 8 米。与通常所见的岩洞不同，它有点儿像人工开凿的洞。洞内上下左右都是清一色的砂岩，除了沙子之外，别无他物。令人吃惊的是：一根直径为 40 厘米的大铁管从山顶斜插到洞内，由于多年的锈蚀，现在只能看见半边管壁。另一根相同口径的铁管从底壁通入地下，只露出管口，可以估量其大小，却无法知道它的长短。洞口处有十余根直径在 10 厘米~40 厘米之间的铁管穿入山体，铁管之间距离不等。管壁与岩石完全吻合，不像是先凿好洞后再放进管子，而像是直接把铁管插入了坚硬的岩石。其余各处的铁管都有这个特点，可见铁管的施工安装技术非常高超，并非人类的杰作。洞口对面约 80 米处就是托素湖，在离洞口 40 多米的湖滩上，又有许多铁管散见于裸露的砂岩上。这些呈东西走向延伸的铁管，直径较山下的小。从残留的铁管形状上看，有直管、曲管、交叉管、纺锤形管等，形状各异。最细的铁管内径不过一根牙签粗细。虽经岁月的腐蚀、沙子的填充，但细管内并没有被堵塞。更令人奇怪的是，还有一些铁管分布在湖水里，有的露出水面，有的隐藏在咸涩的水里，形状和粗细同湖滩上的铁管类似。

铁管的构成物

在柴达木盆地生活了数十年的居民说，这里的一些管片曾被送到中国第二大有色金属冶炼集团下属的锡铁山冶炼厂进行化验。冶炼厂化验室工程师在对管片化验后认为，管片样品成分中氧化铁的含量占30%以上，二氧化硅和氧化钙含量较大，这与砂岩、沙子和铁的长期锈蚀有关，说明管道的时间已极其久远。此外，样品中还有8%的元素无法化验出其成分。

化验结果更增加了管道的神秘程度。有人甚至断言：这里便是外星人发射塔的建筑遗址。

关于“外星人遗址”的解释

这些铁管是史前留下的遗物吗？也就是说，在我们这个时代的人类之前，还有一种高度发达的文明存在过，他们的工业、文化水平高于现在，那个时代的人类被冰川灭绝后，其遗物犹存。可这个说法显然不科学，因为这一带根本没有发生过冰川活动。

2002年4月，11位中国地质学界专家为探明“外星人遗址”组成课题组亲赴托素湖考察。专

家们发现，这些奇特的管状物分布在距今五六百万年前的第三季砂岩层中，都呈现出铁锈般的深褐色，成分以氧化铁为主。谈到管状物成因，专家表示有多种可能：一种是植物埋葬形成的化石；另外管状物也可能是砂岩快速沉积形成的，这在沉积岩石学上是很常见的现象；专家们认为岩浆活动也是铁管形成的可能因素，地下岩浆上升到地面，岩浆中含铁的物质凝聚形成了管状物。虽然不排除人工钻凿、安装的可能，但专家组认为“外星人遗址”还是一种地质现象。

外星人的选择

外星人为什么会选择柴达木盆地的白公山呢？这可能是因为柴达木特殊的地理环境为观察天体宇宙提供了良好条件。中国科学院紫金山天文台在德令哈建立青海天文站后的几年中，陆续发现了 100 多个星系，观测效果极佳。据此特点，有关专家认为，以外星人的眼光来看，柴达木德令哈一带是星际交往的最佳选择，特别是白公山一带条件更优越。

远古核爆炸

发生在距今大约3 600年前的“死丘事件”被列入世界三大自然之谜。位于印度河中央岛屿的一座远古城市的居民几乎在同一时刻瞬间全部死去，古城也随之毁灭了……

飞来横祸

在古城的废墟中，人们发现了许多人体骨架，从其姿势来看，有人正沿街散步，有人正在家中休息。可以想象得到，灾难就在此时突然降临！几乎在同一时刻，全城40 000人~50 000人全部死于非命，一座繁华的城市顷刻之间变成了废墟。

“死丘”之谜

在对“死丘事件”的研究中，科学家们又发现了一种奇特现象，即在城市的废墟中发现了明显的爆炸痕迹。爆炸中心的建筑物全部被夷为平地，且破坏程度由近及远逐渐减弱，只有最边远的建筑物幸存了下来。科学工作者还在废墟的中央发现了一些散落的碎块，这是由黏土和其他矿物烧结而成的。罗马大学和意大利国家研究委员会的实验证明：废墟当时的温度高达1 500℃，这样的温度只有在冶炼场的熔炉里或持续多日的森林大火的火源中才能达到。看来，只有强烈的爆炸才能使这一古城在顷刻之间毁灭。

传说中的爆炸

印度历史上曾经流传过远古大爆炸的传说，许多如“耀眼的光芒”

“无烟的大火”“紫白色的极光”“银色的云”“奇异的夕阳”和“黑夜中的白昼”等等描述都可佐证古城毁灭的真凶是核爆炸。

“死丘”元凶

然而，几千年前的人类又怎么会拥有核武器呢？直到第二次世界大战的末期，人类才发明和使用了第一颗原子弹，远在 3 600 多年前，人类是绝不可能有核弹的。

也许，只有一种可能，古城毁于外星“宇宙飞船”。英国学者捷文鲍尔特和意大利学者钦吉推测：3 600 年前，一艘外星人乘坐的核动力飞船在印度上空游弋时，可能意外地出现了某种故障而引起爆炸，以致造成了古城毁灭的巨大灾难。看来，外星人很可能是“难逃其咎”了。

水晶人头骨之谜

20世纪初，英国考古工作者在英国杭特利城附近的卢巴·安吐姆古城废墟进行考察时偶然发现了一颗水晶头骨。头骨重约5千克，用大块水晶仿照人头骨制成，鼻骨由三块水晶拼成，眼洞为一块圆形水晶，牙齿整齐地镶在牙床上。

头骨“身世”

1954年出版的《危险——我的伙伴》一书认为，这颗水晶人头骨是3 600多年前的古人制成的。据考古学家鉴定，这颗水晶人头骨的制作至少历时150年，雕刻后用沙粒磨光，出土前，至少在地下埋藏了约3 600年。

另一些考古学家不同意上述论断。他们认为，生活在3 600多年前的古人，由于受当时科学技术水平低下的条件限制，不可能制造出如此精美的水晶工艺品。那么，它的主人究竟是谁呢？

又一颗水晶头骨

法国人类博物馆里也珍藏着一颗水晶人头骨。这颗水晶人头骨经过科学鉴定，被认为是14世纪或15世纪墨西哥印第安人——阿斯特克人制作的。从历史和宗教角度分析，估计它是阿斯特克人的一个祭司权杖的装饰。由此可以证明中古时代阿斯特克人已掌握了水晶的制作技术。

专家的疑惑

一些学者却对上述论断持怀疑甚至否定态度。他们认为，14世纪~

15 世纪时，阿斯特克人的生产工具和武器一般用水、石制成，当时还处于部落联盟阶段，正由原始社会向早期奴隶制社会过渡，缺乏高超的雕刻技艺，所以他们很难雕刻出栩栩如生的水晶人头。

难解之谜

英国博物馆里也珍藏着一颗水晶人头。在没有灯光的黑夜，透明的水晶人头发出耀眼的白光，显现出一副面目狰狞、龇牙咧嘴的“恶魔”形象，令人望而生畏。

上述 3 颗水晶人头迄今尚未查明其来历。究竟是何人何时为何目的制造的这 3 颗水晶人头？难道是外星人制造的人类头骨模型？

对于这种疑问，学者们各抒己见，互不相让。但真相如何，还有待于学者们做进一步的探究才能得出准确的结论。

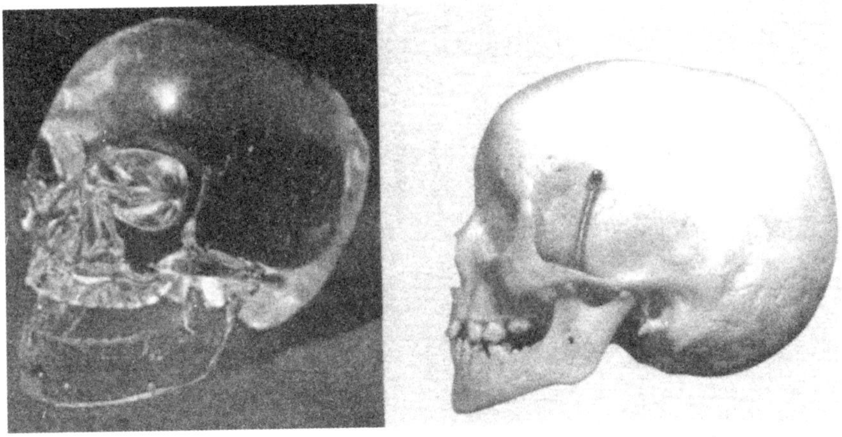

陆地百慕大

劲风扬起漫天的黄沙，毒辣的太阳炙烤着酷热的大地，昆虫和蜥蜴此时也慑于自然的威力，竞相躲藏到岩石下方——这便是位于墨西哥北部杜兰戈州神秘的“陆地百慕大”的景象。

陆地百慕大探险

“陆地百慕大”地处墨西哥木马皮米盆地国家生态保护区。它位于北纬 27°，与百慕大三角和埃及金字塔处于同一纬度。这似乎并不足以诠释“陆地百慕大”的神秘，但这里出现的一些奇怪现象至今却仍无法解释：电磁波到了这里便消失得无影无踪；陨石在这里遍地都是，流星雨更是这里的常客；飞行器飞至上空时，导航系统完全失灵；古生物化石和动物尸体如同垃圾一样遍地都是；邻近地区风雨大作，这里却永远是骄阳似火；不明飞行物（UFO）、天外来客更是周边居民茶余饭后的谈资……

信息死角

10 亿年前，陆地渐渐浮出海面，木马皮米盆地成为墨西哥第一块见到阳光的陆地。可在此后的漫长岁月中，人类没有在这块土地上留下任何痕迹，它依然死一般的寂静。直到 1966 年的某一天，墨西哥国家石油公司的工程师贝里亚在这里勘探时发现：收音机、电视、无线电对讲机、卫星遥感系统到了这里完全失灵——“这里如同电磁风雨的风眼一般，无法接收人类世界的信息”，因此当时贝里亚给这里取名为“寂静之地”。

天外飞石

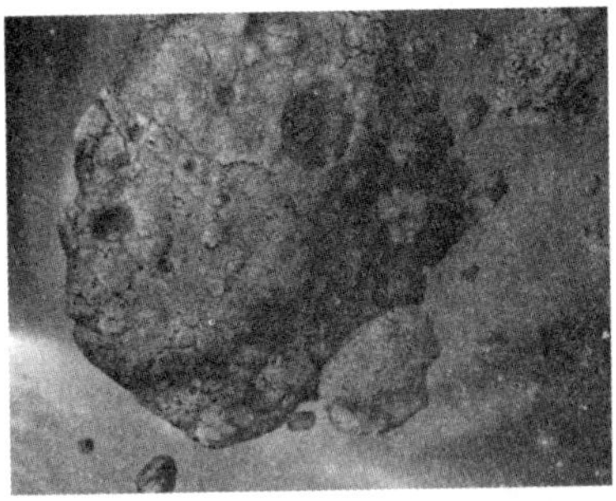

1969 年，英国天文学家伯纳德·洛弗尔观测到一颗正在接近地球的流星，于是开始跟踪它的运行轨迹。这颗流星进入大气层后，开始燃烧解体，其中最大的一块突然改变原来的飞行方向，朝北美洲飞去，最终坠落在那里。

探索盲点

20 世纪 70 年代初期，美国宇航局一枚名为“雅典娜”的火箭因技术原因在杜兰戈州沙漠地区坠毁，搜寻人员在进入此处寻找火箭残骸时发现，雷达显示屏上一片空白，根本无法提供任何数据。经过几个星期的细致搜寻，终于在该地区中心位置处找到了火箭残骸。美国人在运走火箭残骸时还带走了几吨沙子，这些黄沙已经被放射性物质污染了。

1976 年，墨西哥国家核能研究所派遣了两名资深专家来此地考察，其中一名是在世界上享有极高声誉的物理学家雷·范鲁斯。当时他们考察的重点是电磁波在这一神秘地区的传播。考察结果发现，横波的传播很正常，但纵波却被完全屏蔽掉了，从而产生了所谓的“寂静”现象。

外星人能量库

关于此地神秘现象的解释可谓众说纷纭，其中最流行的一种说法是有些科学家提出的“磁场说”，即这一地区的下方存在一个强大的电磁能量场，这就可以对火箭坠落以及雷达系统失灵等现象做出合理的解释，但为何只有这里才具有强大的磁场呢？有人猜测，这里的地下可能曾经是外星人储存能量的仓库。但这也只能是猜测，因为根本无法找到证明这种猜测的真实性的证据。

究竟是什么导致了这一地区的神秘现象，人们不得而知。希望在不久的将来，科学能为我们解开谜团。

UFO 传说

追寻史前遗迹中的诡异现象，破解古代典籍中的神秘来客，探究茂密丛林中的意外事件，在真实与猜想、推理与验证的过程中，讲述那些流传至今的 UFO 传说。

中国古籍中记载的 UFO

中国古代关于天文学的著述中，有大量天文现象是无法用现代科学解释的，却类似于今天人类传说的天外来客——UFO。

《新唐书》上的记载

《新唐书》中有一段文字："天祐二年三月乙丑，夜中有大星出中天，如五斗器，流至西北，去地十丈许而止，上有星芒，炎如火，赤而黄，长丈五许，蛇行……"这段文字的意思是：公元 905 年 3 月的一天夜里，在天空中出现了一个像"五斗器"（古代的一种容器）大小的不明飞行物，它向西北方向下降，离地面大约 30 米高时突然停止。这时，这个飞行物发出像火焰一样的红黄色光芒，并开始曲折运动……

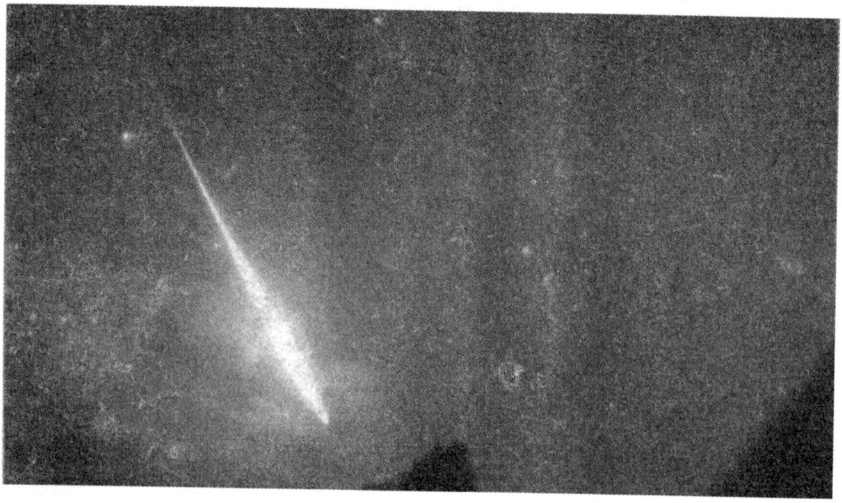

《明史》上的记载

《明史》："万历三十年九月己未朔，有大星见东南，赤如血，大如碗，忽化为五，中星更明，久之会为一，大如簏。"这段记载说明：1603年9月的朔日，在东南方向天空出现了一个不明空中物体，它像一颗亮星，发血红色光，大小形状像一个碗。它突然分裂成五个发光物体，四个围绕中心的一个运转，中心的发光体更为明亮，分裂时间很长，但后来又合为一个。

UFO 与史前遗迹

地球上是否存在过先于人类文明的“超级文明时代”？一些考古线索表明：在3亿~6亿年之前就已有人类的足迹留在地球表面，以至形成最古老的脚印化石，数亿年前的岩层中已发现了类似于近代采矿工具的化石文物……

恐龙时代的人类印记

美国得克萨斯州发现的恐龙足印已为世界所熟知，更令人惊异的是恐龙足印化石旁竟发现了人类足印化石。要知道，结合已知的地球人类的进化史来看，恐龙时代绝对不可能会有人类存在！因为恐龙在6 500多万年前灭绝后，才有哺乳动物出现。在1976年，得克萨斯州基督教大学地质学教授华尔本采用临时筑堤和抽水的方法，从河床的同一岩层上再次找到了恐龙和人类的足迹。这为持恐龙时代存在人类活动观点的考古学家们提供了新的证据。

史前人类的踪影

科学家早在1910年就在美国肯塔基州发现过10处完整的人类化石脚印。所有证据都表明那是人类在原生代砂石海岸留下的，也就是说，在遥远的近3亿年前的洪荒时代，已有人类在这个地区活动了。

1968年，有人在美国犹他州发现了与已知最古老的三叶虫化石同时保留下来的人类

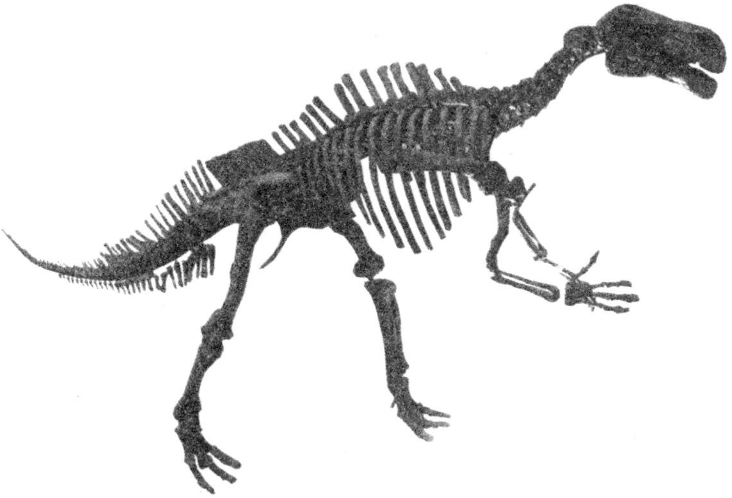

足印化石。发现者是犹他州的教育家比特，化石的发现地是在犹他州的羚羊喷泉。该化石曾委托犹他大学柯克教授鉴定。据柯克教授说，这是两个穿鞋的脚印化石，一只三叶虫化石也出现在这同一块岩石中的脚印附近，这就表明三叶虫与穿鞋者曾共生于一个时代。根据目前的学说，人类穿上鞋子只有数千年的历史，人类的出现也不过 100 万年~200 万年的时间，三叶虫则在近 3 亿年前就已绝种了。而三叶虫在灭绝前已繁衍了约 3 亿多年的时间。人类的鞋印与三叶虫在同一岩层中出现，这究竟意味着什么？

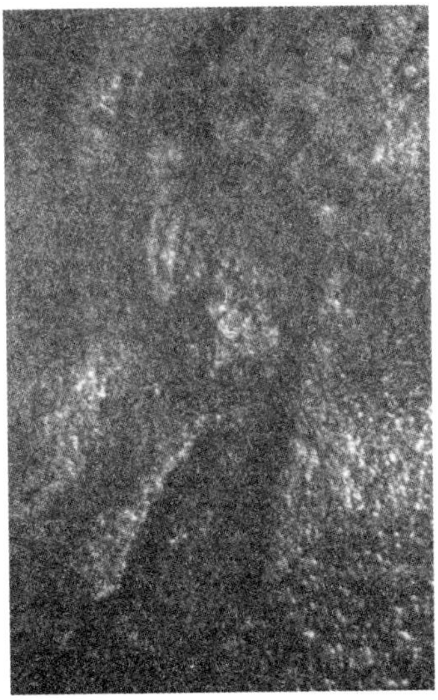

研究表明：这只鞋长 27 厘米、宽 8.9 厘米，当时似乎踩上了活着的三叶虫，脚跟比脚底造成的痕迹稍深，鞋头与一般人类的鞋印无异。柯克教授评价这块留有人类鞋印的三叶虫化石时说："它是那么的清晰，令人无法怀疑，这实在是对传统地质学理论的重大挑战。"

史前人类文明

远古时代来历不明的人类留下的并不仅仅是自己的足迹，在地下深处的煤

层和岩层中，人们还发现了奇怪的文物。

1880 年，美国科罗拉多州的一位农民在煤炭里砸出了一枚铁铸嵌环；1952 年在采自苏格兰的大块煤炭中，人们发现其中裹有一件钻头状的铁器。经鉴别，那块煤是包裹着那件神秘金属物逐渐形成的；1961 年在美国加利福尼亚州，罗亨斯宝石礼物店的兰尼等人在哥苏山顶处搜寻到一块类似石头的晶体，在用钻石手锯锯开晶体后，虽未发现里面藏有五彩缤纷的色泽晶体，却见到了类似现代汽车火花塞一样的东西，里面的木刻套筒已变成了化石。

发现于法国普洛潘斯的一个采石矿场的岩层中的一件奇怪的东西更引发了考古学上的争议。1786 年~1788 年期间，这个采石矿场为当地重建司法大楼提供了大量的石灰岩。矿场岩层与岩层之间都隔有一层泥沙，当矿工们挖到第 11 层岩石后，即到达距离地面 12 米~15 米的深处时，在第 11 层石灰岩下面，又出现一层泥沙。矿工们清除泥沙时竟发现泥沙里边夹有石柱残桩和开凿过的岩石碎块，就像他们开凿出的石块一样。继续挖下去，更令他们惊奇的是发现了古钱币、已变成化石的铁锤木柄和其他石化了的木制工具。最后，还发现一块长 2.6 米、厚 2.5 厘米的木板。这块木板同其他木制工具一样已石化为一种玛瑙，且已裂为碎片。这一切简直是“天方夜谭”。这些奇异的现象向人类传达了这样一个信息——曾有另外一种发达的文明光顾过地球，或者曾有另外一种发达的文明在地球上存在过。

南美洲的巨型地画

纳斯卡高原隶属南美国家秘鲁，该高原地处安第斯山区，纳斯卡高原荒凉干燥，气候条件十分恶劣。它一度不为人知，直到此处开辟航线后。后来飞行员发现高原表面分布着许多线条，开始时人们认为这是印第安人开辟的运河。

“运河”浅沟

印第安古文化研究专家对这些被飞行员标在地图上的所谓运河感到费解，于是，专家们率领一支考察队亲赴纳斯卡高原。研究人员在呈黑褐色的高原表面，看到了相当清晰但走向不一的“白带”，这些“白带”实际上是一些深 15 厘米～20 厘米的浅沟，它们之所以呈白色是因为地表那些露出的黄白色土壤的缘故。浅沟有的弯弯曲曲，有的笔直延展，似乎构成了一幅神秘的图案。

神秘的图案

为一探究竟，考察队员手拿指南针，一面沿着弯曲的浅沟行进，一面在地图上做好标记。令人意想不到的事情发生了，标在地图上的线段居然连成了一幅喙部突出的巨鹰图案。鹰尾达 4 米左右，喙长接近 100 米，翼长 90 米，巨鹰的喙还衔着一段长约 1.7 千米的笔直沟线。接着，他们又发现了与此相类似的其他巨大的图案。随后，考古学家们登上飞机，来到 500 米高空，想全面欣赏一下纳斯卡高原上的杰作。奇怪的是，他们开始并没有看到任何地画的踪影，随着飞机缓缓盘旋到一定的角度时，纳斯卡的地画才逐渐显露出来——只见数千条线形成了一组奇

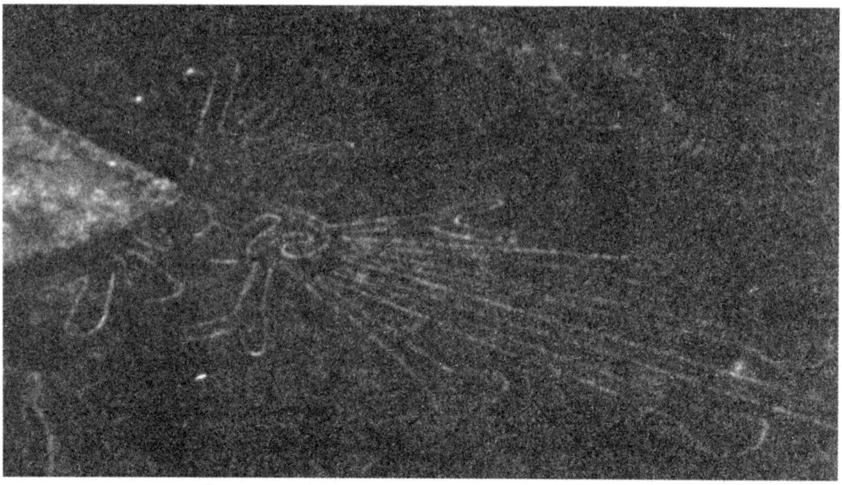

妙的动物、植物图，其中还有一幅是有着 8 条触角的章鱼图。飞机再次盘旋，由于角度的改变，这些巨画骤然消失。后来，人们又陆续在纳斯卡高原上发现了更多的动物轮廓画，其中有长达 80 米的卷尾猴和 46 米大小的蜘蛛图案。这些庞大的图像非常精确地间隔一定的距离重复出现，而这些重现的同类图像几乎一模一样。

人类的画像

纳斯卡地画中也有关于人类自己的图像，但要比动物的形象大数十倍，达到方圆数千米至几十千米，同时造型也颇为古怪。地画中的线条有一条达 8 千米长，它止于一座山脚下而又从山的另一边连起来，却仍是一条非常完美的直线，它的毫不偏移展现了绘图者极为精湛的绘图技艺。

地图艺术的创造者

科学家鲍尔·特逊克在 30 多年后的一个冬至日，重新观测他们最早辨认出的巨鹰图，突然见到落日的光线与巨鹰喙部衔着的那条笔直的沟道恰好吻合。在 6 个月之后的夏至日，特逊克又专程赶来，他再次发现西沉的日光和这条沟重合。特逊克设想纳斯卡地画可能是古印第安人的图画天文表。出于这种设想，特逊克和他的同事们把纳斯卡高原上的

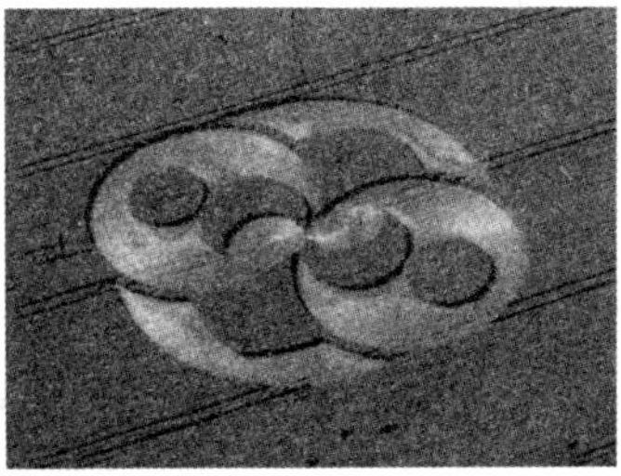

平面图和星相图进行了对照，发现地面上的图画确实与四季的天文变化相关。这些标记有的表示月亮升起的地点，有的指出最亮的星星的位置。在这部天文历中，太阳系的各大行星都具有各自的线和三角形，通过不同的形状可以在地画上找到点缀在南半球夜空中的诸多星座。也许，古印第安人正是依靠这些沟和画，来安排部落生产活动的。

谜团又现

纳斯卡地画中有一幅奇怪的图案，令人不禁想起现代化机场的停机坪。这些发现难道是偶然的吗？对此究竟应该如何解释呢？绘制那样巨大的图画，需要丰富的数学和天文学知识。对古代的印第安人来说，如果他们具备这些知识，那么他们的知识又是从哪里得到的呢？难道这些地画是宇宙中星际联络的标志？它们的创造者是外星人吗？希望这一个又一个的谜团，会随着科学技术的发展与考古研究的深入而被一一解开。

UFO 与古代文明

根据科学分析，地球的年龄大约在 35 亿~40 亿年之间，这相对于宇宙的年龄来说不值一提，但对人类而言却相当漫长，人类进化至今大约用了 30 万年~40 万年时间。人类有文字可考的历史不超过 5 000 年，但是 4 600 年前的人类却建筑起了大金字塔。人类穿上衣服的历史也不过只有 4 000 年，大西洋海底却发现了 11 000 年前的精致铜器……这些说明了什么？

UFO 之谜

我们不能武断地说外星智慧生命曾经干预了地球生命的演化进程，但是，至少我们可以说在人类历史的整个进程中，UFO 现象一直伴随着人类的发展历程。世界上的不同地域、不同民族在远古时期的传说和

历史记载中都有过类似的描述，人类历史上的诸多不解之谜是 UFO 现象与人类历史联系的最好佐证。为了更加清醒地认识人类文明与 UFO 的渊源，需要我们对这些不解之谜进行认真的思考和分析。

“地球文明反复”说

地球本土文明曾出现过反复，这种反复即我们所经历的文明只不过是已经毁灭的文明的重建与再现而已！也许这样就可以解释 18 世纪末法国石匠所使用的工具为什么与 3 亿年前岩层中的化石类似了。同样，这种说法也可以解释包裹在岩石中的铁钉、采煤钻头、项链、钟形金属瓶、汽车火花塞等文明产物是怎么回事了。

“地外文明介入”说

在地球文明发展过程中曾有地外文明的介入。这种介入地球文明的地外文明自然优越于地球，因此也就在地球上直接留下了或通过地球人间接留下了显著超越当时时代的诸种文明产物。其中有些文明产物佐证了地球文明同地外文明有着某种微妙的联系。由于现在的人们无法了解历史上这种早已存在的星际联系的背景，因而也就无法理解这类文明遗迹的真正意义了。

丛林中诞生的“意外”

诞生在南美丛林中的玛雅文明独特而辉煌，犹如一部童话篆刻在人类文明的史册上。几千年来，虽然人类文明经历了太多的风风雨雨，但是玛雅人创造的文明却依然在人类文明史上熠熠生辉。

玛雅天文历法

玛雅天文历法的精确性在今天已经得到证实。蒂卡尔、科潘和帕伦克的玛雅建筑物中都记载有这种历法，玛雅人不是因为自己的需要而建造起金字塔和寺庙，而是玛雅历规定每 62 年要建造一定级数台阶的建筑物。每一块石头都与历法有关，每一座造好的建筑物都必须严格符合某种天文数据的要求。

玛雅人的迁徙

公元 800 年~公元 900 年前后，玛雅文明突然肢解了。没有任何征兆，所有的人都突然匆匆地离开了辛辛苦苦建造起来的坚固城市，舍弃了他们珍贵的寺庙、富有艺术性的金字塔、竖立着雕像的广场和宏伟的体育场。城市从此废弃了——杂草丛生，乱石遍地，到处是一片破败的景象，再也没有任何一个居民回到那里。玛雅人可能是被外来的侵略者赶走的，但是又有谁能轻易地打败玛雅人？军事行为似乎不可能导致玛雅文明的殒落。

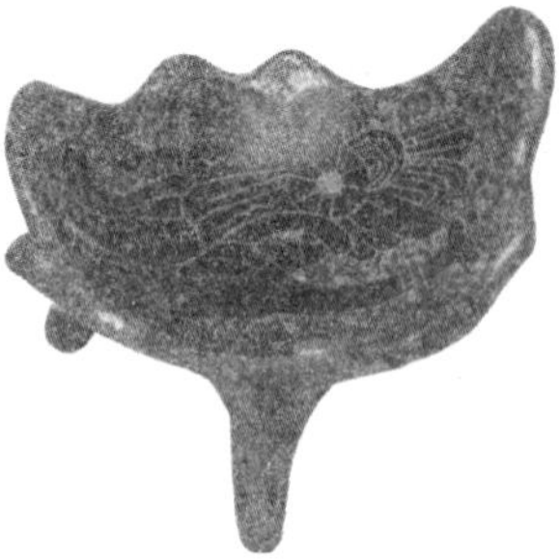

迁徙的原因

关于玛雅人的迁徙有多种解释。某些学者在众说纷纭的原因和假设中提出一种新的观点：

在很早很早以前，玛雅人的祖先曾接待过“神”，“神”曾经许诺过有一天还要回来。玛雅人相信了。玛雅人天真地认为：当这些巨大的建筑物按照历法循环的规律建造完工后，“神”将从天空返回。工程完工了，“神”返回的日子已经到了，可是什么事也没有发生。人们吟颂、祈祷，等待了整整一年，空中仍旧杳无声息。如果真是这样，祭司和百姓的失望是可想而知的。许多世纪的辛勤劳动白费了，玛雅人非常失落，难道是历法的计算有误？“神”不宠幸他们了吗？

这里所说的“神”，也许就是天外来客——外星人。

玛雅天文台

玛雅人建有一个有三层平台的四方形建筑，它高高地耸立在丛林之中，台内有一架螺旋形的梯子直通最上层的观测台，圆顶上有许多对着各个星座的天窗，这就是玛雅人的天文台。晚上，透过这些天窗可以看到一幅幅夜空中的灿烂图像，以及外墙装饰着雨神的面像和有翅膀的人像。

玛雅人和外星人

玛雅人仅仅对天文学感兴趣，不足以说明他们和外星人有关联。大量悬疑问题让考古学家不得而知。

玛雅人怎么会知道天王星和海王星？为什么天文台里的观测台不对着最明亮的星星？帕伦克的浮雕上雕刻着驾驶火箭的“神”意味着什么？一直计算到4亿年之后的玛雅历意图何在？将太阳年和金星年的周期算到小数点后面4位需要极为复杂的天文知识，玛雅人是从什么地方得到这些知识的？这其中的奥秘让人费解。

世界 UFO 事件

神秘的外星人，离奇的 UFO 事件，不时地在人们的生活中闪现。频发的 UFO 目击事件、怪异的劫持经历，让人兴奋却也肉跳心惊。

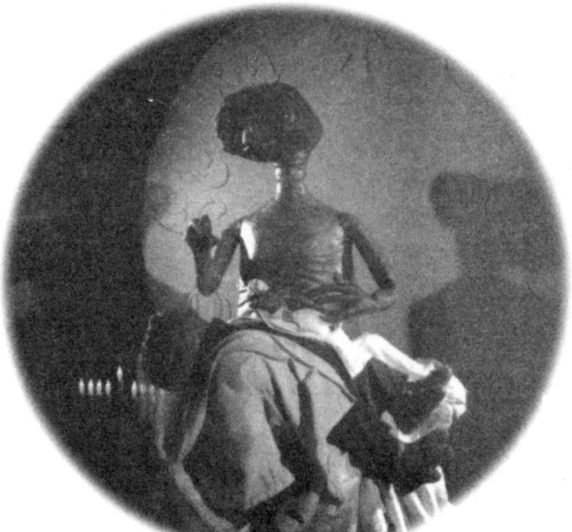

神秘飞行物首次现身

1947 年，商人凯尼斯 · 阿诺鲁特无意中看到了奇怪的高空飞行队。新闻一经发布即刻轰动了全世界，而“在空中飞行的盘子”一词也随之出现了。但事情并未到此结束，一个月后，他被卷入了一件又一件的怪事之中……

雷伊尼亚山上空的“空中飞碟”

飞碟并不是一种新鲜事物，在古代人所绘的壁画中已经可以看到不明飞行物了。而在魔鬼传说盛行的中世纪，也有不少关于不明飞行物的描述。至于“flying saucer”即飞碟的英文名称，则是在无意中产生的，时间始于 1947 年。

“flying saucer”直译为“在空中飞行的盘子”，这个名字很快就传遍了全世界。而创造了这个名词的人就是前面提到的飞行爱好者凯尼斯 · 阿诺鲁特。

发现飞碟

1947 年 6 月 24 日午后 2 点，阿诺鲁特正驾驶私人飞机从华盛顿州的吉哈里斯回到雅其马镇的家中。出发后不久他就收到空军传来的无线电，要求他搜索一架在雷伊尼亚地区失踪的海军运输机。阿诺鲁特接受请求后便改变方向朝着雷伊尼亚山飞去。午后 3 点前后，阿诺鲁特飞到了雷伊尼亚山上空 2 900 米的地方。

就在他享受驾驶乐趣之时，机身突然出现一阵令人目眩的反光，阿诺鲁特连忙往四周看去，只见左上方有 9 架飞机正排着队以极快的速度

飞向雷伊尼亚山。开始时他以为那是空军的战斗机，然而，那些飞机正在作大角度的急速上升和下降。而且，可以确信的一点是，那种速度当时没有任何飞机办得到。于是，阿诺鲁特又想可能是新研发出来的机种吧！他无法看清那些飞机的轮廓，因为，太阳光太强烈了。

阿诺鲁特用手边工具测算了一下那些“飞机”的大小和速度。结果他被吓了一大跳，因为这些飞行物体的编队长达8 000米，每一架飞行物体的长度约15米，更令他吃惊的是，它们的速度竟然达到时速2 700千米。这太玄妙了！

正在他发呆惊叹之时，飞行编队的最后一架飞机已经远去了。

得到空军勋章的阿诺鲁特

阿诺鲁特驾驶的飞机在雅其马机场着陆后，他马上就跟朋友说他看到了不可思议的飞行物体。到了次日晚上，他的奇妙经历已经传遍了美国各地，空军总部颁发给他一枚勋章。

阿诺鲁特回忆说："我看到的物体总数有 9 架，它们像在水上滑行一样飞行。形状就像两个咖啡杯盘合起来一样。"

自从阿诺鲁特用"空中飞的碟子"来称呼这些不明飞行物后，"飞碟"一词便成了 UFO 的代名词。

有故障的飞碟丢下的黑色物质

在阿诺鲁特的 UFO 目击事件热潮刚过不久，1947 年 7 月末，阿诺鲁特接到一名男子寄来的信。信中表示他也曾看到过飞碟，对于这次事件的真相也许可以提供一些情报。

1947 年 6 月 21 日，那名男子在太平洋沿岸一带的海域游弋。船上除了他之外还有他的儿子以及他所养的宠物狗。当时云层很低，像要下雨的样子。忽然在云层中出现了 6 个怪物向他的船飞过来。起先他以为是气球，但这些"气球"飞行的速度实在太快了，瞬间便飞到了船附近的上空。定睛一看，只见 6 架飞行物体中的一架好像出了故障似的，飞得很不平稳，几乎快要坠入海中，其他 5 架就在它的周围来回地飞。这群飞行物体是银色的，从外观上看只有窗子，似乎并没有喷气引擎，飞行时完全无声，就像是在空气中滑行一般。

在故障机体周围飞来飞去的飞碟中，有一架忽然靠近那架故障机体，双方几乎就要碰在一起时，故障机发生了爆炸。同时，由故障机体的中心部位丢出了一些闪着光芒的白色金属片，接着又丢出一些像熔岩般的黑色物质。这些物体一落到海里，就发出了“咻咻”的声音，使周围的海水沸腾了。

那名男子感觉到自己的处境很危险，便将船朝岸边驶去。不久，其余 5 架飞行物体便提升高度，飞到云层中去了。于是，那名男子又回到海上捡了些黑色的碎片带回家中。

莫里岛事件的证据和证人消失了

可事情并未就此结束，隔天便有一个皮肤黝黑的男子去找那名目击男子，并对他说：“你那天在海边看到的事绝对不要跟别人说，这是为了你好。”然后就消失不见了。那名男子真被搞糊涂了，究竟他看到的是什么东西呢？那个神秘男人又是谁呢？就在此时他听到了阿诺鲁特的事，所以他便寄出了那封信。

另一方面，阿诺鲁特接到信后，就马上动身前往莫里岛。在莫里

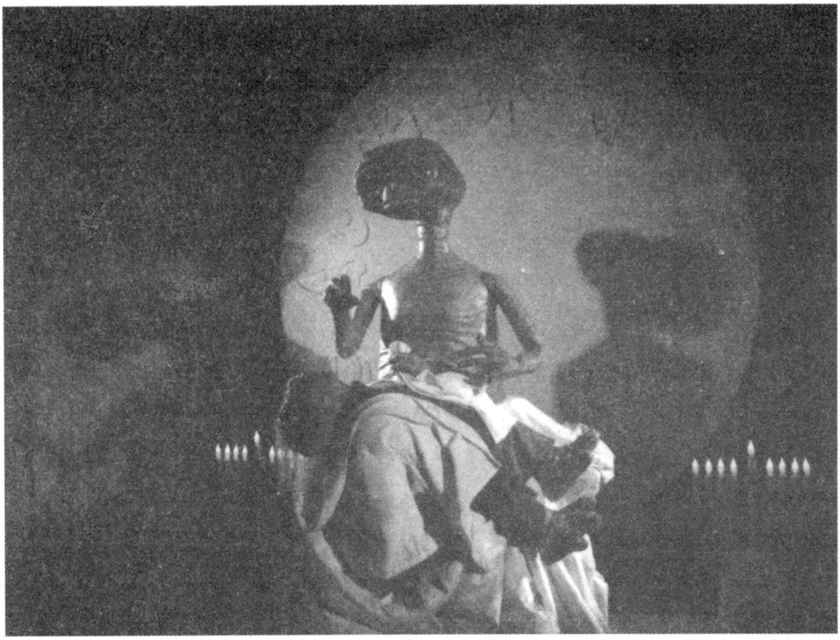

岛，阿诺鲁特看到了那个男子在信中所提及的金属碎片。

阿诺鲁特发觉事态严重，便和他的空军朋友史密斯上校正式展开调查。但是结果却令人大失所望，飞行物体中心部分所放出来的东西有一种是管子的内衬，另外一种则是大型军用机常用的铝。不明所以的阿诺鲁特带着空军的情报员去见那名男子。但那名男子一看到那个情报员忽然改变了态度，故意装得傻傻的，矢口否认曾经见过不明飞行物。

是什么改变了那名男子的态度，是否真的有飞碟，也许在不久的将来，科学会告诉人们真相。

人类与 UFO 的空中较量

1948 年 10 月的一天 21 时，北达科塔州伐可基地的上空已夜幕降临。当天与同事结束 P-51 战斗机训练飞行的可曼少尉正要返回基地的时候，忽然看到飞机下面有奇怪的光芒。于是他朝着光芒飞去……

纠缠不清的空战

刚开始时，可曼的好奇心并不大，他以为那只是气球呢，但在 300 米高度的地方，仍然可以看到先前看到的亮光。控制塔副控制官接受可曼少尉再确认的请求后，抬头看着天空，只见在小型飞机的上方有清晰的白色光亮，那个发光体正以极快的速度向西北移动。

两三分钟之后，可曼少尉就追了上去。当时高度约 300 米，发光体以时速 4 000 千米有规律地移动着。可是，每当可曼少尉一接近它，光体就向左旋转，可曼少尉紧追不舍，但光体又快速转向且向上爬升，可

曼少尉也追了上去。

此时高度在 1 500 米~2 100 米之间。光体的速度越来越快，可曼少尉眼看已经追不上了，便先发制人发动攻击。当光体左转时，他便以最快的速度从右边展开攻击，本以为这次大概免不了要发生冲突了，但光体却从他的飞机上方约 150 米的地方飞过去。在交火的那一瞬间，他看到光体直径约 20 米，有白色光芒。

上升之后，可曼少尉再次看到那个光体。但这一次光体却向着可曼少尉直逼过来，此时光体已不再闪烁，而是呈现出雪白的光芒。在发动攻势之前，光体再度急速上升，可曼少尉连忙追了上去。

可曼少尉让飞机上升到了 4 300 米的高度，可光体却在大约 6 000 米处轻松自在地飘浮着，似乎在戏弄可曼的 P-51。可曼少尉一展开攻击，光体便向后退，然后迅速地反击。可曼少尉闪过之后，左转回身反击。双方对峙着，可曼丝毫不占上风。

当可曼的飞机急速下降时，光体立即上升。光体在上升途中更改方向继续上升，不久就消失了踪影。21 时 27 分，20 分钟如噩梦般的空中战斗终于结束了。

可曼看到的 UFO

UFO 事件让美国航空宇宙技术情报中心在 24 小时内开始展开了调查，但是一点线索都没有。当时，附近没有其他飞机存在，仅仅在东北部有观测极光的活动。经检验可曼的 P-51飞机比同型飞机的放射能高出了许多，但被认为是长时间在高空飞行的结果。可曼的证言也含糊不清。

在正式记录上，情报中心将可曼描述的“迷你 UFO”说成是气球，但是对与 UFO 在空中激烈交战的过程仍无法确切地说明。此事最后不了了之。

华盛顿上空的 UFO

1952 年 7 月 19 日晚上，华盛顿国际机场管制中心的管制官艾德华·诺杰特在雷达荧幕上忽然看见了 7 个成群地出现的光点。诺杰特开始还认为是雷达机器故障，但情况似乎并不那么简单……

来去匆匆的光点

当飞行物体侵入雷达的扫描范围时，一定会先从边缘描绘出一个连续的轨迹，如果不是的话，那只有从遥远的大气层急降下来，或是从地面上垂直升起。紧盯着雷达说不出话来的诺杰特指挥官，又一次惊呆了。7 个光点中的 2 个，骤然停止了移动，突然间从雷达的荧幕上消失了。光点出现的方式异常，又以异常的方式“蒸发”掉了。这让诺杰特指挥官感到事情不像想象中的那样简单，于是迅速通知在邻室待命的庞兹主任过来，并指给他看雷达上面的光点。

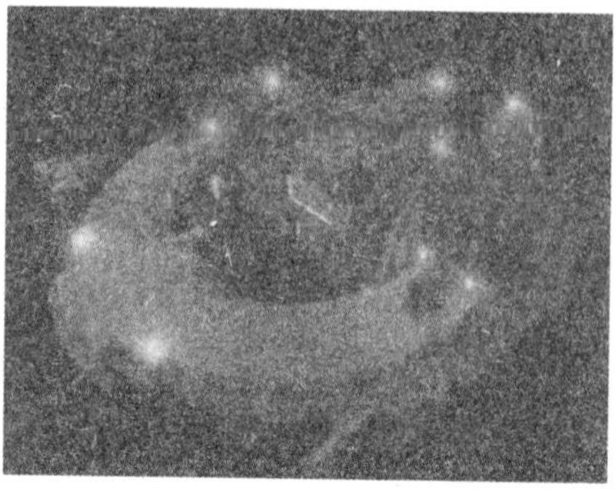

对“光点”的分析

在安德鲁兹空军基地，从雷达上光点的移动可计算出它的飞行速度。它们刚开始的时速只有 200 千米左右，但后来好像接到了什么指令似的突然加速，以时速 11 700 千米的速度向北方飞驰而去——白宫上空被侵犯了！谜一样的飞行物体的目击者，不只是机场的指挥官和基地的官员，在这附近飞行的客机上的服务员和乘客，也都亲眼目睹了这群飞行物。其中一架飞行物还追在一架欲降落的客机后面，好像在威吓客机。这些不明飞行物体，让整个华盛顿惴惴不安。

戏弄 F-94 战斗机

但这远未达到不明飞行物的预期目标，它们又开始了新的活动。只要看雷达上他们嚣张的姿态，便可知道他们的示威意图。其中有一个物体以非常快的速度滑动着，突然向反方向继续前进，这以人类的科技水平根本无法办到。这些飞行物体到底用什么方法，居然能不受空气阻力和地心引力的影响？

凌晨 3 点，空军被迫下令两架 F-94 战斗机升空迎击。当战斗机一飞抵现场。这些怪物群的编队就一起从雷达上消失了。战斗机为了寻找怪物群的踪迹，一直在华盛顿的上空搜索，但是，结果令人大失所望。

而后 F-94 无功而返。这时候，先前那些飞行物体好像就是在等待这个机会似的，又再度从天而降，不久又在四周飞行打转示威……

谜一样的东西

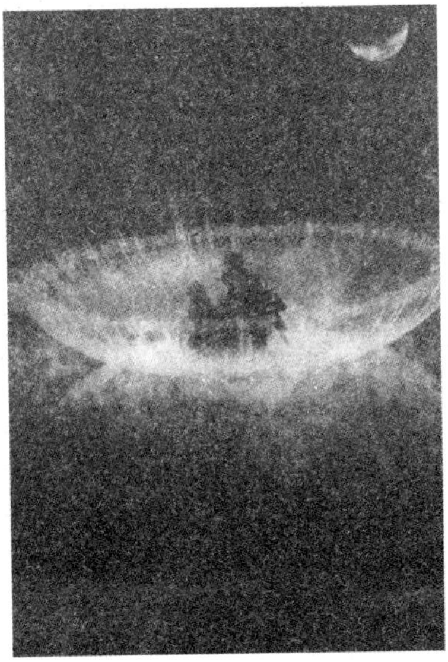

在雷达荧幕上的光点，果真是飞行物体吗？会不会是气象开的玩笑呢？可是经验丰富的指挥官，难道会看错？他会将区域内的标识误认为是外侵的飞行物体吗？雷达上的光点的确是某种东西的踪影，因此第二种可能性被“抬”出来，可能是大气的气温逆转层在作怪吧！

然而，每一个指挥官都指证，雷达上的光点是由固体物质所反映出来的。而且客机的飞行员和安德鲁兹基地的官员安杜路斯都是目击证人，因此气温逆转层的说法行不通。

怪物归来

1952 年 7 月 26 日晚上，华盛顿的上空再度出现和上次一样的不明飞行物。这次的飞行队伍好像要把整个华盛顿市区包围住似的，它们在空中排成了一个连接汉德、巴基尼、阿诺德 3 个空军基地的半圆形弧线。

这次美军似乎早有准备。以华盛顿机场为首，这一地域的机场管制塔台都在追踪雷达上的光点，而在这一区域内飞行的飞机，也不断地和控制中心保持联络，交换飞行物体的行进信息。

就在空军待命之际，在白宫聚集了海陆空三军的高级将领，讨论应该针对这些不明飞行物采取何种行动，并且不断地慎重考虑相关细节。受命出动迎击的队伍，能允许他们进行何种程度的追击？在何种情况之下将对方击落等问题。

最后，军政双方达成一致，决定不以武力方式来解决此次危机。

飞碟是自然现象吗

次日凌晨2点40分，空军的两架F-94战斗机向飞行物体的方向出发。可是飞行物体又再度消失在黑暗中了，F-94战斗机又一次无功而返。一回到基地，那些飞行物体故伎重演，再度出现在雷达的扫描范围内。

F-94战斗机再一次受命出发。这次飞行物体似乎不为所动了。前去迎击的飞机，在经过数分钟追逐后，飞行员了解到要追上它们简直是不可能的事，于是放弃了追逐。不明飞行物觉得没意思便又一次隐遁了。

7月29日，军方举行了记者招待会，空军的情报部部长在会上说明，这些飞行物体群只不过是受气温逆转层的影响而在雷达上反射出来的光点而已。

但F-94飞行员仍确信自己观测到的飞行物体是坚硬的固体物质，而非光线。可是空军为了避免引起恐慌，便采取了这样的权宜之计。

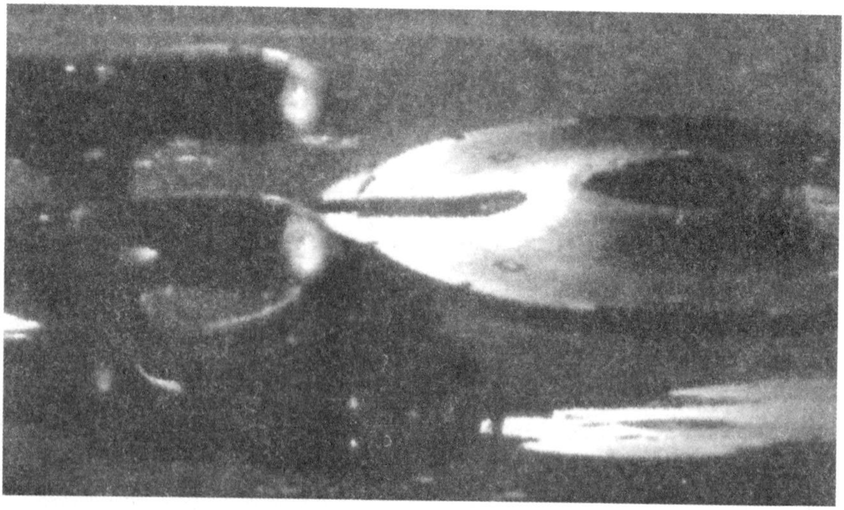

外星人暴行记录

地外智慧生物频频现身地球，各种离奇事件不断发生，这些诡异而又奇幻的事件，无不使人对外星生物产生了光怪陆离的想法，是使者，抑或是暴徒……

神秘的劫持事件

有记录的神秘劫持案的第一位被劫持者是一位名叫安东尼奥·韦拉斯·波阿斯的巴西青年农民。

奇特的经历

据韦拉斯·波阿斯回忆，1957年的一天傍晚，他在田间劳动时，看见一个发光的、前部带有三个异形尖角的不明飞行物在他的田间着陆。好几个戴风帽的生物从里边出来劫持了他，并将他带入它们的飞行器内。这些生物扒去他的衣服，用一种神秘的物质——可能是一种杀菌剂——涂抹他的全身，然后将他带入一个散发着令他恶心的有着奇怪气味的房间。一个赤条条的女外星人出现了。在与他发生过关系之后，那个长着杏仁大眼睛的生灵用手指了指他的肚子，然后又指了指天，便离开了他……

事后风波

在多年之后，英国的一家杂志《飞碟评论》才报道了这件事，而且，这一事件受到了前所未有的重视。经证实，韦拉斯·波阿斯在事后生了一场大病，卧床不起达几个月之久，并且表现出典型的被放射线照射过的症状。

另一起案件

希尔于 1967 年 12 月 3 日在内布拉斯加州阿什兰附近被劫持，并受到了严重刺激。怀俄明大学的心理学家利奥·斯普克勒亲自向处于催眠状态的希尔提了许多问题。希尔所叙述的被劫持的经过，以及那些外星生灵让他向人类转达的信息与 20 世纪 50 年代的“被接触者”们报告的非常相似。斯普克勒相信希尔的经历是真实的。

两位少年的遭遇

1968年8月7日，太阳刚刚落山，16岁的男孩迈克尔·拉普和17岁的女孩珍尼特·科迈勒（均为化名）坐在佛蒙特州尚普兰湖边的一个浮桥桥头谈心。他们的背后有一个5米高、长满一排密集树木的斜坡。

偶遇 UFO

二人正谈得高兴时，突然，迈克尔和珍尼特发现远处出现一条闪耀的光带，后面拖着一条长长的“尾巴”。后来，那亮光在天空停止不动了。迈克尔和珍尼特很清楚地看见了那个像大雪茄般的物体。迈克尔看见在那个不明飞行物的右侧底部亮起3道白光，接着，那个物体重新出发朝来的方向飞回，几秒钟后消失了。而另外3个小飞行物飞行着相互靠近，不久，便渐渐显出它们的形状为碟状，背部都带有一个穹形物。5分钟之后，它们排成水平三角形图案，然后其中两个，一个向南，一个朝北飞走了。第三个飞碟向两位少年的方向飞来，直飞至距离他们约1.5千米处，体积如同一座小房子似的不明飞行物才悬停不动地待了约一分钟。它的周围有各种各样的彩光在闪烁。突然，它急速落下来，一下子坠入了两位少年面前的湖中，引得湖周边的狗都狂吠不停。最后，不明飞行物浮出了水面，移动到两位年轻的目击者面前不远处。

外星人现身

此时，两位少年通过透明的穹形物看见两张长着椭圆眼、小嘴巴的脸。他们只能看见它们腰部以上的部分。那些太空造访者们都是小矮

个，穿着银灰色紧身套装。迈克尔转身看看珍尼特，珍尼特已经被惊呆了，没有说话。他便转身问那些生灵是谁。他们回答：“我们来此不是为了加害于你们。”那个声音对他解释说，第一次原子弹爆炸之后，他的同伴们便决定返回地球，但是，他们同被称为“坏分子”的同种族的其他成员间产生了冲突。迈克尔觉得事情无比荒谬，便突然拍着膝盖放声大笑起来。他看见他们中的一个也笑了起来，而另一个似乎在模仿珍尼特，也在愣愣地发呆！然后，那个不明飞行物向前靠近，直至距离他俩3米高的上空才停下来。一个发光的触角下降到了他们的头顶上，迈克尔感觉他好像离开了自己的身体，然后就什么也不知道了。

当迈克尔醒来时，仍然在浮桥桥头，珍尼特也还在他的身边。

回忆被劫持的经过

事件发生之后，受到极大刺激的迈克尔开始对神秘生灵着了迷。

1978年，即事发10年之后，迈克尔同著名不明飞行物调查员沃尔特·韦布取得了联系。经过调查，韦布确信迈克尔所经历的事件确实存

在。两位著名的医生哈罗德·埃德尔斯坦博士和克莱尔·海沃德分别对迈克尔进行了5次催眠调查，对珍尼特进行了3次催眠调查。通过调查，迈克尔回想起他曾经同那些生灵们在不明飞行物内的再次相会。迈克尔在太空船的甲板上，透过透明的穹形物，看见一个形状像大雪茄似的飞船，以及地球、月亮和满天的星斗。他还能看到不明飞行物的下层发生的事：珍尼特躺在一张桌子似的体检台上，在她身边有两个外星人。在一个装有一些屏幕三角形牌子下面的一个托座上还有第三个外星人在那里站岗。屏幕好像正在记录检查的各种数据。那些外星人身高165厘米，长长的脑袋，椭圆形大眼，瞳孔又黑又大，身体单薄，每只手上有三个灰色手指。迈克尔说他在相当近的距离观看了外星人对珍尼特的整个检查过程。一部形状像“倒装心脏”的仪器从天花板落下，用一些软管从她的身体中抽了一些液体之后，又退升回天花板去。之后迈克尔再次失去了知觉。当他苏醒过来时，看见那个不明飞行物已经进入了母船之内，他的向导让他“漂浮”进入一个“光

管”，他此时发现他们都在一个很宽敞的棚子里，他们像被一道光束牵扯着似的通过那个宽敞的棚子，轻而易举地穿过一堵墙，最后进入一个穹顶大厅，在那里集中了一大群外星人。

外星人的“实验”

外星人将迈克尔安顿在一把椅子上，在他的头上戴上一顶头盔。那些生灵都目不转睛地盯着一个屏幕，可迈克尔却没看到屏幕上有任何东西。接着他的向导将他带入另一个房间。外星人碰了一下迈克尔的手，他们立即进入另一个奇怪的天地：天空一片紫红，到处都长满树木和草坪，一些外星生灵像魔鬼附身一样在那里闲逛。接着，他再次失去知觉，苏醒过来时，他和珍尼特仍然坐在浮桥的桥头。

如此奇怪的经历到底预示着什么？答案也许只有到未来去寻找了。

一家人的奇遇

1978年6月19日，约翰带着家人驱车回自己在格洛斯特郡的家。车上除了大人，还有3个孩子。他们到达牛津郡的斯坦福特镇时正好是22点15分，约翰对这条路非常熟悉，他敢肯定再有1小时就到家了。

路遇 UFO

突然，约翰看到1 000米远处的上空有一个耀眼的发光飞行物，当时在场的其他人也看到了，那个东西很大，不可能是颗星星。行驶了1 000米后，约翰的车与发光体仍保持着原有的距离，他把车停下来想听听有何噪音，正在这时，一道红光闪烁，接着红光变成了白光，这个飞行物变得更大了。天上原本是明月当空，此时却漆黑一片。而且约翰听到了一种沙沙声和火车轮压在铁轨上的隆隆声混合在一起的杂音。

约翰的妻子让车外的约翰快到车里来，飞行物好像要着陆了。他回到车里，开动了车，但是行驶了百米之后，他意识到他们已不在原来的公路上。“天异常黑，我们被一道高高厚厚的篱笆挡住了，什么也看不到。”他回忆说，“这条路弯弯曲曲，忽高忽低，还有几个急转弯。我有一种感觉，即便我的两只手离开方向盘，这辆车也会自动行驶。”

他们的车一个急转弯后，发现自

己已身在法明顿，此时已是 22 点 30 分了。随后他们向桥格洛斯特驶去，车上约翰的妹妹弗朗西丝女士注意到，在车右侧约 200 米处还有一个同样的飞碟，当汽车快到家时，那个飞碟消失了。

到家 20 分钟后，约翰打电话给离法明顿 7 000 米远的诺顿警察局，报告他们发现了 UFO。看了一下手表后他大吃一惊，此时已是午夜之后了，而他们本应该在 1 小时前到家的。

接下来发生的事……

第二天晚上，约翰顺着前一天的路线去找那条两边有着篱笆的弯路，但是什么也没找到。周末他又去寻找那个飞碟降落的地方，也没发现任何痕迹。难道这一切都是一场梦吗？几天后，约翰发现自己胸口下边出现了一块红色斑迹，他的妻子左臂和腿上也出现了红斑。他们询问了弗朗西丝，她也长了红斑，挠痒时还抓破了皮肤。更奇怪的是，他们 3 人的右膝下面都有一块无法解释的青肿。

一周后，5 岁的娜塔莎夜里被梦吓醒了，她告诉妈妈梦里有许多奇怪的人盯着她，并说妈妈也在那里。

这个梦使约翰确信，在他们归途的某段时间里一定发生了某种古怪的事。他和妹妹弗朗西丝决定接受催眠术，以弄清那潜意识中的记忆。杰弗里·M·卡特尼大夫为他们做了催眠术，结果令人震惊……

与外星人的全接触

约翰回忆起那个 UFO 在他汽车前方盘旋的情景，它离地面有 30 米高，约翰当时并没有把车开进一条黑漆漆的道路。相反，他把车停了下来，下了车，走进一片白雾之中。至少有 8 个影子般的家伙与他擦肩而过，他们向约翰的汽车走去，把妇女和孩子都带了出来。

“我们一起走到那明亮的光柱下，”约翰说，“走进光束后，我们就

向上飘浮了起来。后来，我与3个穿着金属紧身服装、戴头盔的人在一间房子里，房子是圆的，很宽敞。这几个怪人眼睛呈灰白色，脸也是灰的。其中一个用英语告诉我，他们希望对我进行检查。我留下了，妻子和孩子们进了另一个房间。我坐在一张像牙科大夫看牙用的那种椅子上，一个女人走来，把我的一只手放在椅子的扶手上，另一只手卡在桌上的一个按钮上。一束强烈的光线照在我的脸上，然后，那个女人从天花板上拔下了什么，屋子顿时变黑了。我一下子感到头昏眼花，当我醒来时，看到一个人与那个女人在谈话。他自我介绍叫艾诺克西亚，并且告诉我跟他回到来时的第一个房间去。艾诺克西亚告诉我，有什么东西来了，飞船不得不做短距离的转移。我们感到地板稍微颤了一下，飞船开始启动了。

“后来我问他们，飞船是靠什么动力飞行的？他们说这是一套机密程序，他们正准备把这项技术作为与地球人交换的筹码，以求与地球人和平地生活在一起。这个人带我到了一间被他称为‘航行室’的屋子，打开了屏幕，说他想给我展示一下他家乡的图景……”

外星人之家

“屏幕上出现了 3 个星球，他把它们称为萨尼亚、萨顿和詹诺斯，”弗朗西丝回忆说，“显然，萨顿星球离太阳最近，又紧挨着詹诺斯。这两个星球开始衰退，有不少物体在爆炸。这个外星人告诉我，是一个超级核电站引起了这一系列的反应和爆炸，从而毁灭了这个星球。”

“下一幅画面，”弗朗西丝回忆说，“是一位年轻的金发女人和两个孩子。外星人告诉我，那是他的妻子、儿子和女儿，他们都在爆炸中丧生了。幸存者都逃上了一艘基地飞船，这飞船把他们运送到可以飞往外层空间的宇宙飞船上，以求为詹诺斯星球上的人民寻找一个新家。他们发现了地球，想生活在地球上。”

神秘药剂

弗朗西丝和约翰都回忆起离开这飞船之前，外星人给了他们每人一杯无色的液体让他们喝下去，说：“这可以帮助你们忘记这一切。”

如果说约翰一家的说法是编的故事，那么一家人在催眠中都能复述同样的内容，这实在太奇怪了。

神秘的死亡

56岁的英国人西格蒙·亚当斯基住在英国利菲市郊，1980年6月11日，他去当地商店买了一袋土豆，然后就再无踪影。5天后，他的尸体在离他家30千米外的土德莫顿的一座煤场的煤堆上被发现。

奇怪的尸体

发现这具尸体的人叫特雷弗·帕克，他说："我一直在这里拖煤，白天我还装了几趟煤，但煤堆上没有尸体。这尸体太可怕了，我不知道他是怎么来的，它躺在一个很显眼的地方。我不敢碰，也不知道他是死是活，所以只得叫警察来处理，同时还叫了救护车。"

西格蒙·亚当斯基的尸体的某部分被腐蚀性物质烧灼，可连法医专家也不知道这神秘物质究竟是什么。病理学家阿兰·艾德华菲博士在检查后断定他死于心脏病，那种神秘的腐蚀物只烧伤了他的头皮、脖子和脑后的皮肤而已。可如果仅仅是因为心脏病发作，那么他的尸体为何又出现在30千米以外的煤堆上呢？那被小心翼翼使用的腐蚀物又说明什么呢？

亚当斯基的太太告诉警察，她丈夫从没到过土德莫顿，一生中从未与那个小镇发生过联系，并且一生小心谨慎，从未树敌。奇怪的是，从他出门后到发现他尸体的5天时间里，竟没有人再见过他。

警察经过一段时间的详细调查，还是一筹莫展。5个月后，事情出现意外的转机，这种转机向更神秘的方向发展，使得整个事件蒙上了一层恐怖的色彩。

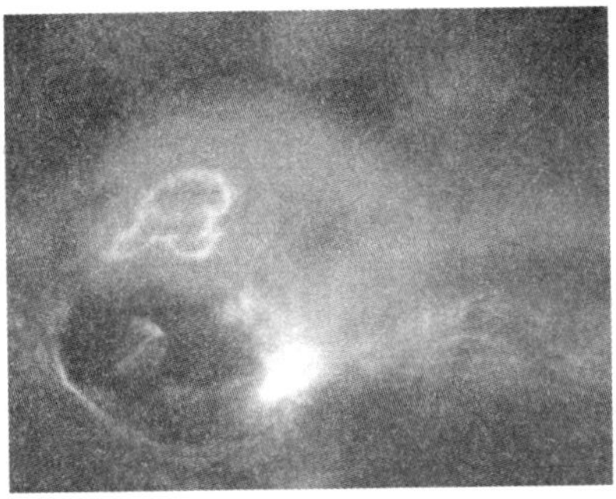

"丢失"的 15 分钟

事情是这样的——5 个月后，当时赶到现场的一位警察声称他看到了不明飞行物，时间是 11 月 28 日清晨。这位名叫阿兰·古德弗雷的警察那天早晨驱车到土德莫顿镇，他看到在离地面 1.5 米高的空中有一个物体浮在那里，这物体顶部是拱形圆盖，有很亮的蓝色的灯，其底部频频闪光。当时他想向警察局呼叫，但当时通讯系统完全失灵，他于是用笔将这物体画了下来。他的这一目击报告很快引起轰动。UFO 的专家对他进行了详细的询问，询问中发现他有长达 15 分钟的记忆空白，于是专家建议他接受催眠疗法。在催眠中，古德弗雷讲述了那 15 分钟里的事情经过：当时，有一束光照得他几乎睁不开眼，他看见一个约两米高的人和他在一起，那人戴着帽子，长着胡子，穿着黑白色的套服……还有 8 个十分矮小的侏儒，只 1 米左右高，他感觉这些小矮人是那个两米左右高的人的机器人。这些人对他的身体进行了检查。

另一则报道

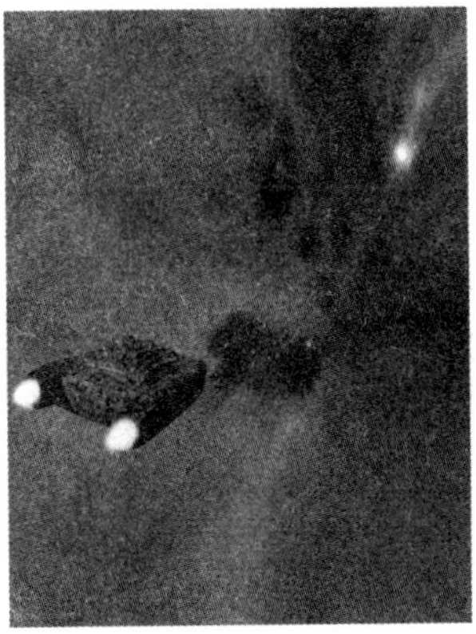

更有报道称，在亚当斯基的尸体被发现前 1 小时，有另一位警察也曾在煤堆上空看到过不明飞行物。经过催眠，调查人员认为他没有撒谎。难道，亚当斯基的死亡真的与不明飞行体有关吗？此事件到目前为止，仍是未解之谜。

军士查尔斯的描述

1975年8月13日，美国空军军士查尔斯·穆迪遭到外星人劫持。从他遭遇飞碟的那一刻到他回家的时候，除去路途时间，他有80分钟的记忆空白，而且后来他还患了奇怪的病。穆迪军士向上级汇报了此事，并接受了调查。

外星人的警告

查尔斯将他能够回忆起来的情形用书信的方式向神经外科医生亚伯拉罕·戈德曼进行了较为详细的陈述，他在信中说：

我记起了那天夜里发生的一些事情，当时确确实实是和飞碟有过接触的。他们不仅是一个正在对地球进行研究的先进种族，而且他们当中的一些“人”从现在起，在3年之内，将会了解我们整个地球的人类。我可以说，那次接触可不是一件愉快的事情，这将是对地球上人类的一次警告。他们的计划不仅仅是有限的接触和对未来的研究。他们在经过更进一步的考虑以后，将会采取下一步行动。他们已经做好了反击的准备，虽然他们的本意是爱好和平的。

对外星人的描述

查尔斯描述了外星人的外貌和他的经历：那些家伙大约有1.5米高，样子很像地球人，但他们的头要比我们的大些，没有头发，耳朵很小，眼睛比我们的大一点，小鼻子，嘴唇很薄，他们的体重可能在50千克~60千克之间。

外星人熟知人类的语言，但说话时嘴唇不动，穿的衣服是紧身的，

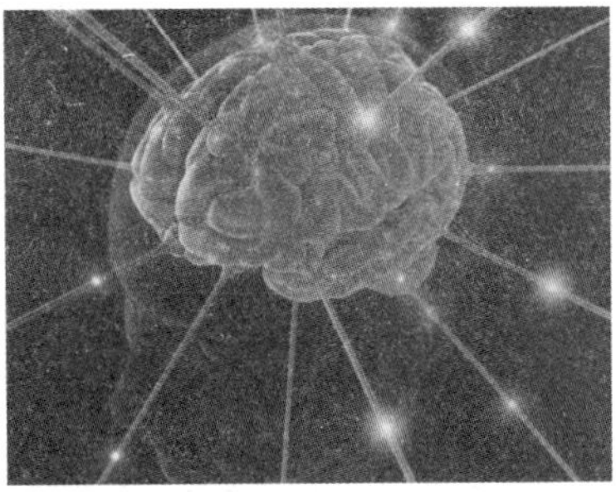

衣服上既没有纽扣也没有拉链。衣服的颜色是黑的，但是其中一个穿着一身看起来像是银白色的衣服。他们相互不称呼名字，但他们知道查尔斯的名字。他们好像能洞察人的内心，因为那个年长的外星人首领有时说出来的话就是查尔斯要问的问题。

后来，他被带到一间屋子里去，那个头头用一根看起来像棍棒一样的东西触碰他的后背和腿，后来查尔斯的意识便模糊了。

UFO 内部

飞行物的内部就像手术室那样干净，它的结构和材料很特殊。光源不知来自何处，光线是间接照射的，但是很亮。查尔斯随外星人走到一间没有安置仪器的小房间里，房内光线昏暗，外星人站在房中的一侧。突然，地板活动了起来，就像一架电梯一样下降。他们下降了大约两米，又来到了另一个房间。这个房间有 8 米长，屋子的中间有一根巨大的炭棒一直通到屋顶。在炭棒的周围，有 3 个看起来像上面盖有玻璃的洞，洞里放置着两头各带着一根炭棒的大结晶体。一根炭棒从一个像球体的仪器的顶部伸出来，另一根从另一头的顶端伸出。外星人告诉查尔斯说，这就是驾驶装置。

查尔斯停留在那里大约有半个小时，专门观看那个驾驶装置。然后，那块地板托着查尔斯和外星人升起来。又从原路回到了上面。外星人首领告诉他说，这不是他们的主要飞行器，这个小飞行器只是为观测

用的，他们的主飞行器在离地球大约650千米远的地方，主飞行器上的驾驶装置和这个上面的不同。

之后发生的事

外星人首领告诉查尔斯说，在第一次接触时，查尔斯有很大的对立情绪，他们利用了一种声波和光波使查尔斯平静了下来。然后，那个头领把两只手放在他头部的两侧，告诉查尔斯说，他们就要离开了。头领让他至少要在两个星期内忘记这次谈话内容和所看见的一切。查尔斯不知道为什么要两个星期，但是他想，这可能是有理由的。查尔斯问外星人是否还会见面，外星人说不久之后会再见面的……

奇异的旅行

从 1979 年以来，MUFON（不明飞行物互助会）的调查主任雷蒙·福武雷写过四本有关贝蒂·安德雷亚松·卢卡奇特案例的书。这个故事中充满不可思议的异象，全都是在他催眠状态下回忆起来的。贝蒂·安德雷亚松·卢卡的“旅行”使人们立刻想到那不是普通的外星人劫持事件，更像是吸收人们进入秘密组织的仪式。其中也带有涉及遗传方面研究的情节。从 20 世纪 80 年代起，巴德·霍普金斯以及戴维·雅各布斯都重点研究了这些现象。哈佛医学院教授、精神病科医生约翰·马克研究过多个案例，它们近似宗教般对人肉体和精神的操纵方式同安德雷亚松·卢卡案例存在着许多的相似之处。这一组案例的另一个共同点是预见世界末日的来临，重提先知的预言，并且宣布不久的将来人类的大部分将消失，而只有其中的一小部分会得到拯救。

雷蒙的著作

1979 年，雷蒙·福武雷发表的第一本书《安德雷亚松事件》公开了有关此类看起来计划性很强的入会仪式的初级阶段。调查人员甚至在施用催眠术的情形下多次遇到卡壳，无法继续进行他们的调查，后来障碍被排除，调查得以继续。贝蒂·安德雷亚松·卢卡讲述了一个很长的劫持过程，包括：劫持、异象、传言、妇科手术以及在 1944 年她刚刚 7 岁时便开始接受植入物手术。

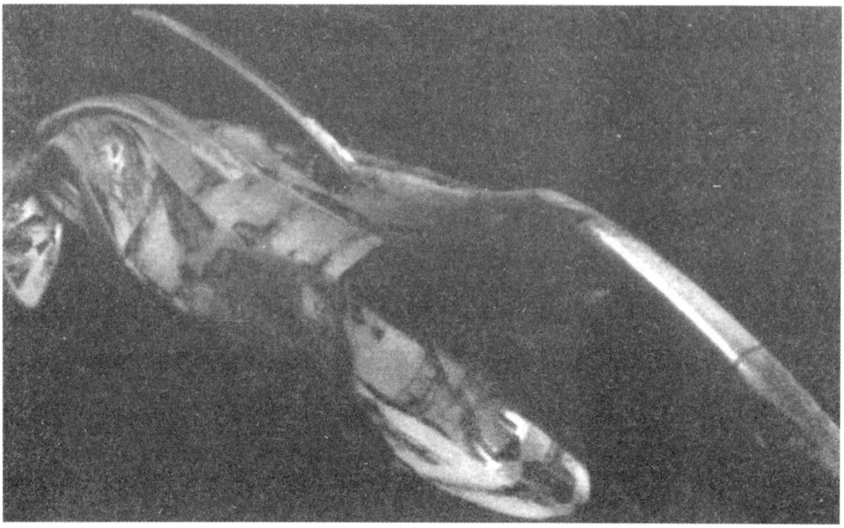

贝蒂的回忆

据贝蒂回忆，那件事发生在 1967 年 1 月的一个晚上。那时她 30 岁，已婚，已经是 7 个孩子的母亲了。她同父母共同生活在马萨诸塞州的一个位于成片树林和田园之间的房子里。当时她正在厨房，突然所有的灯全部熄灭。她从窗口发现一道跳跃的红光。那时她的丈夫正在医院。她的父亲在一份签字的证言中作证说他看见一些具有人体特征的、似乎正在玩跳背游戏的生灵在向他的房子靠近！

“当他们发现我时，便停止了前进。在最前面的那个外星人看了看我，我身上立即产生一种特别奇怪的感觉。我知道的只是这些。”贝蒂说。

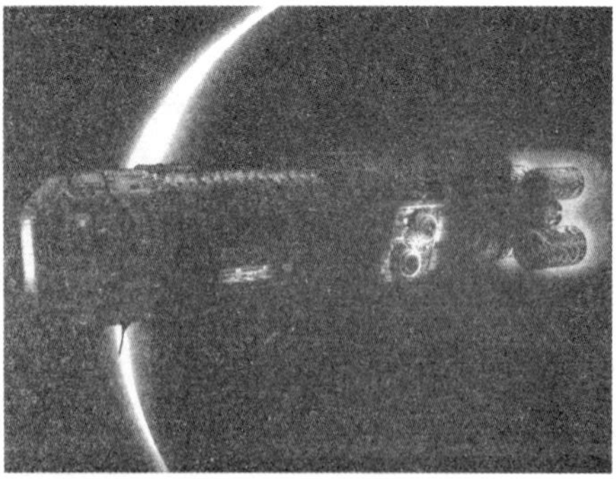

其他目击者看见那些生灵径直地穿过木门——好像门并不存在一样，进到她家的屋里！那些造访者体态和相貌都很相似，唯有他们的“首长”比其他人高一点。他们皮肤灰暗，大脑袋，大眼睛，耳朵和鼻子

的位置都是一些空空的黑洞，嘴巴模糊，像一道疤痕。他们穿着发亮的灰黑色制服，左袖口上带着一个展翅飞翔的鸟形状的标记。这就是贝蒂和她的孩子们回忆起来的全部内容。事发之后，贝蒂叮嘱孩子们不得对外谈起这件事。

贝蒂是位非常虔诚的天主教徒，当时她对不明飞行物和外星人的事一无所知，她以为她看见了天使。直到 8 年之后，当她在一份报纸上读到天文学家伊内克宣布成立他的不明飞行物研究中心——CUFOS（不明飞行物研究中心），并号召目击者们提供证词时，她才公开她所经历的事件。

外星人与小型飞船

在专家对贝蒂使用了 14 次催眠术后，贝蒂回忆起第一次事件——即外星人将她劫持到一个不明飞行物上的事。小型飞行器带着她返回到

一个大型飞行器里。贝蒂便在那里接受了一次体检，她同时也仔细地观察了那里的古怪设施。据专家收集到的证词称：外星人们为她导演了一出寓意深刻的戏，包括穿过一座古怪的城市，并且看见一只大鸟首先被大火烧焦，接着又像传说中的凤凰一般从灰烬中复生。此时响起一曲柔和而悠扬的“天堂”的圣诗齐诵曲，并且有人对她宣布她已经“被选为”给人类传递信息的使者！

研究过程中遇到的挑战

对不明飞行物的深入研究揭示出一些涉及科学、社会学、心理学以及神学领域等方面的内容。安德雷亚松案例包括所有这些方面，其中既无荒谬之处，也未找到任何欺骗或虚构的证据。越来越多的此类非常奇特的案例被公之于众，如同安德雷亚松案例一样，这些事件与人们通常的认识观念背道而驰，并且构成了对现有信仰体系的一种挑战。

惊人的报道

一篇篇惊人的报道频频出现在读者面前，宇宙婴儿是否真实存在？太阳系的神秘来客又是谁？让我们擦亮眼睛，一探事情的究竟。

登月飞船遭遇 UFO

1961 年，在肯尼迪总统的领导下，美国制定了阿波罗登月计划。在实施这项计划之前，美国发射了无人驾驶的航天器“游骑兵”号 9 艘、“测量员”号 7 艘、“月球轨道宇航员”号 5 艘、“双子星座”号 2 艘，还发射了用于载人飞行试验的宇宙飞船“水星”号 6 艘、“双子星座”号 10 艘。值得说明的是，1969 年 5 月 22 日“阿波罗 10 号”进入月球轨道飞行，当登月舱向月球表面下降，离月面不到 150 千米时，突然发现一个白色的不明飞行物像一架紧急起飞的鹞式战斗机一样垂直升起……

月球上的 UFO

1969 年 7 月 16 日，美国宇航员阿姆斯特朗、柯林斯和奥尔德林乘坐的“阿波罗 11 号”宇宙飞船在肯尼迪角吐着浓烟和火焰进入太空，开始了征服月球的旅程。经过 4 天的飞行，“阿波罗 11 号”进入月球轨道。1969 年 7 月 20 日 22 时 56 分，阿姆斯特朗在月球上留下了地球人的第一个脚印。他们在月面上安放了 3 种科学实验仪器，采集了 27 千克月球的岩石和土壤，登月计划顺利完成。

就在“阿波罗 11 号”进行史无前例的登月的前一天，奥尔德林（他是紧跟阿姆斯特朗踏上月球表面的第二个地球人）拍摄到了一系列不明飞行物的彩色照片。从照片上可以看到排列在一起像“雪人”状的 UFO 出现在月球表面的左侧。两秒钟后，排列成“雪人”状的 UFO 垂直地向右运动。最奇特的是，UFO 似乎在排气，出现像尾迹一样的喷射现象，且尾迹越来越长。经专家反复分析，认为尾迹与光束显然不同，它是以真空环境为背景的、非常像液体的一种喷射。这是一种较为特殊的现象，人类也是第一次发现这种尾迹。直到今天，也没有人能清楚地解释月球上为什么会出现这种不明飞行物。经过对一连串照片进行精密的分析研究，人们发现这种喷射是瞬间停止的，且在空中留下了一条长长的、流动的尾迹。这更说明喷射似乎是一种液体喷射，但也可以认为是一种什么信号。从照片的感光情况来看，UFO 的排列状况一直是在慢慢地不停地变化着的。

"水管"之谜

美国人对"阿波罗 11 号"在月球上拍摄的这一系列照片最初只进行了秘密审查，并没有向全世界公开。专家们经过细致的分析研究后惊奇地发现：这些照片上的 UFO 出现的喷射现象和"双子星座 7 号"宇宙飞船上的宇航员所看到的不明飞行物现象十分相似，而且这些照片上的"雪人"状 UFO 又与"双子星座 11 号"宇宙飞船所拍摄到的 UFO 照片几乎完全一样。

1965 年 12 月 4 日，"双子星座 7 号"宇宙飞船在进行第二次环绕地球的飞行中，宇航员洛弗尔发现了一个不明飞行物体。他说："在距离飞船大约 1 000 米远处，我们突然看见了好像是助推器点火燃烧时出现的一片明亮的雾状东西，似乎有一根'水管'从这个不明飞行物体中伸了出来。"洛弗尔关于"水管"的描述，使人联想到月球上 UFO 喷射的可能是液体，何况"阿波罗 11 号"拍摄的照片清楚地表明，在UFO停止喷射后，喷射出来的物质在月球真空环境中像一根长杆一样持续地漂浮了一段时间。

又一次发现

1966年9月13日，当“双子星座11号”在环绕地球飞行的第18圈经过印度洋上空时，宇航员曾发现了一个金属状的不明飞行物体。因为太阳光线的照射，不明飞行物体发出的反射光呈橙黄色，因此看上去不清晰。它向“双子星座11号”飞船逼近，很快超越了飞船，从“双子星座11号”前面穿过，并开始下降、缩小。宇航员为该物体拍到了两张照片，其中的一张同“阿波罗11号”拍到的不明飞行物体有着很大的相似性，似乎都由两个大小不等的物体排列成“雪人”状。虽然尚不清楚该物体是什么，但不明飞行物的存在不再令人怀疑。

坠毁的不明飞行物

大部分人都怀疑 UFO 存在的真实性，但事实不容忽视。世界上的一些天文学家、物理学家、宇航动力学家等都倾向于这样的想法：就大多数 UFO 而言，它们实际上是被某种智能生物控制的、来历与去向不明的超级发光飞行器。这些飞行器所显示出的科技发达程度超越了地球上一切飞行器所能达到的技术高度，但即使这样也有坠毁事件发生。

飞碟坠毁

1981 年 5 月 15 日 21 时左右，一个椭圆形的不明飞行物裹着橙红色的光晕掠过莫斯科上空，有成千上万人看到了这一奇观，西方各国驻莫斯科记者也在其中，他们纷纷向国内发回快讯。16 日，西方各国报纸都报道了这一事件。然而，16 日晚天体物理学家齐盖尔得到了一个更加惊人的消息——那个椭圆形的不明飞行物在经过莫斯科上空后，已坠毁在奥卡河附近的山谷中。

一位电视记者提供的报告中这样写道：我在莫斯科东北方向斯巴诺伊镇采访时，遇到一件奇怪的事。该镇一位商人 15 日晚 21 时 30 分左右经过奥卡河谷，忽然间西部天空大亮，一个明亮的燃烧着的物体向他飞来，轰隆一声坠入谷底，空气被烤得炽热，火光持续了好几个小时。

猎户的口述

伊凡洛夫市日报记者米哈伊洛夫在半夜打电话，急忙告诉齐盖尔说："我们接到大量报告说在奥卡河附近的山谷里坠落了一架奇怪的飞

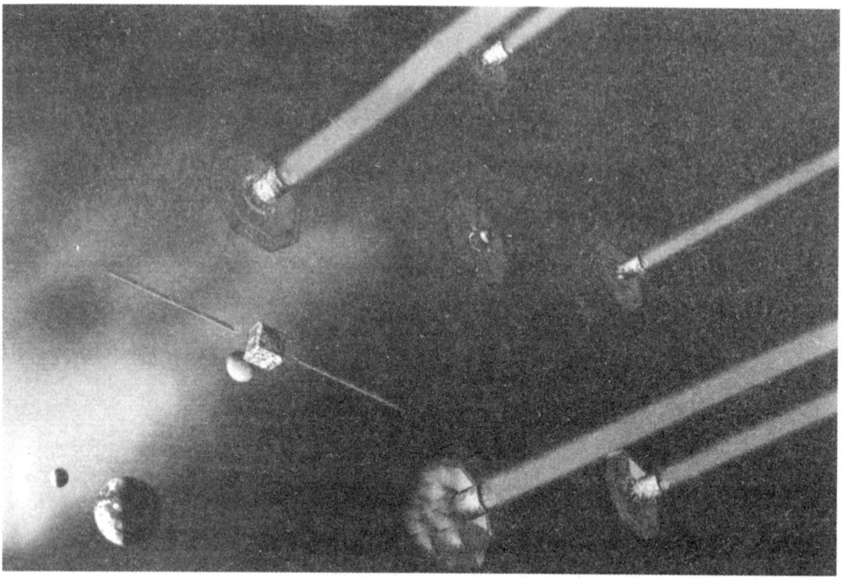

行物。一位猎户说，5 月 15 日晚 22 时左右，他正在山里装捕兽器，忽然发现空中有一道亮光从莫斯科方向朝这边冲来，速度极快，人还来不及躲进树丛，那亮光就落到了谷底，发出一声巨大的响声，火光照亮了整个峡谷和半个天空。火光中有一个橙红色的形状像桶一样的物体。第二天上午，村里的几个人一起来到山谷，远远看见山谷中停着一个红黑色的物体。大伙不敢贸然靠近，很快跑回了村子。这样的报告还有很多，有的说看见了火球飞过，有的说听见了爆炸声。我们把这些报告转给你，同时请你前来实地考察。"

庐山真面目

齐盖尔为了尽快查清这次意外事件发生的原因，便带领研究不明飞行物的专家瓦西里耶夫和助手列瓦诺夫在 17 日早晨 8 时赶到了伊凡洛夫，并在该市日报社找到了记者米哈伊洛夫。4 个人一起来到奥卡河附近的山谷。他们在谷底发现一个火红色的桶状物体。它的底部已经损坏，上半部有一个舱门，但已经无法打开。齐盖尔等人想办法揭开了顶部的活动板，马上闻到一股硫磺味道。他们穿上事先准备好的防辐射航天服，进入了这个物体的内部，发现里面分为上下两层，上层好像是驾

驶舱，里面所有物品都被烧化并已凝固。驾驶室中两位类人模样的驾驶员已被烧成枯炭，无法看清楚其面部和四肢的样子。下层紧闭的舱门由于高温或撞击而损坏，大家想尽一切办法也没能进去。

飞碟碎片

米哈伊洛夫在调查现场拍下了许多照片。瓦西里耶夫打算从坠毁的飞行器上截取一些金属样品带回莫斯科进行化验，但由于飞行器的壳体极其坚固，他未能如愿。在离开现场前，齐盖尔在飞行器底部扭曲的地方发现了几块碎片，大家如获至宝。回来后，齐盖尔将碎片送到莫斯科工学院实验室去分析，专家们发现这种金属碎片好像由铝和镁两种金属组成，但它的成分、比例完全不同于地球上使用的铝镁合金。这种金属碎片中铝占 47%、镁占 53%，而地球上常见的铝镁合金中镁的含量只能达到 5%。专家们认为，这种具有特殊构成的碎片只能来自地球之外。

事件真相

齐盖尔和瓦西里耶夫两位科学家经过深入研究后认为，坠毁的飞行器与出现在莫斯科上空的不明飞行物是同一个物体。它可能是在进入地球大气层后出现了失控或机件失灵，最终在奥卡河谷坠毁。坠落时因为跟空气摩擦而发出耀眼的火光，这一点与地球上发生的飞行器坠落时的情景非常相似。飞行器内的驾驶员被烧得枯焦，这表明天外来客的有机体像人类一样是由碳元素构成的。另外，这个不明飞行器已被军方秘密运走并封存。

太阳系的神秘来客

1983 年 1 月—11 月间，美国发射的一颗红外天文卫星在北部天空扫描时，两次在猎户座方向发现一个神秘天体。观测这个天体的时间相隔 6 个月，这表明它在空中有稳定的运行轨道。美国天文学家宣布，它也许就在太阳系内，可能是从另一个星系飞来的某种人造卫星，可能是从宇宙深处飞来的 UFO 基地。

外星“基地”出现

1988 年 12 月，苏联科学家通过地面卫星站发现有一颗神秘的巨大卫星出现在地球轨道上，他们当时以为这些是美国“星球大战”计划中发射的卫星。稍后才知道，美国的科学家也在同一时间发现了那颗神秘的卫星，而美国人则以为它是属于苏联的。

美苏两国高层官员通过外交途径的接触和讨论，才明白那颗卫星是来自第三国。以后的一系列调查结果表明，法国、德国、日本或地球上任何有能力发射卫星的国家都没有发射过它。

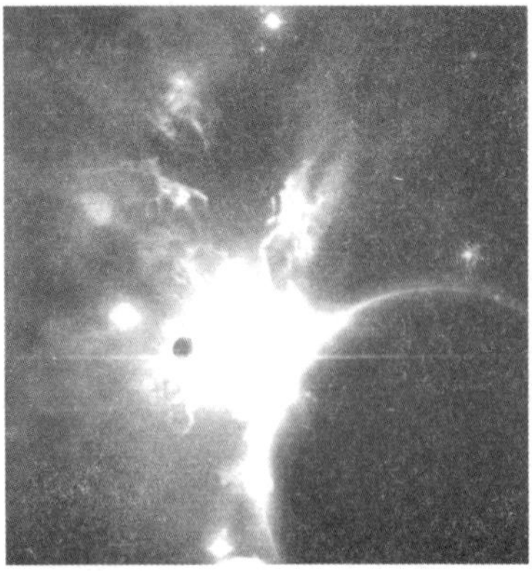

“基地”本色

根据苏联的卫星和地面站的跟踪显示，这颗卫星体积异常巨大，具有钻石一样的外表，而外围有强磁场保护；内部装有十分先进的探测仪器，它似乎有能力扫描和分析地球上的每一样东西，包括所有生物在内；它同时还装有强大的发报设备，可以将搜集到的资料传送到遥远的太空中去。

运行在地球轨道上的不仅有完好的外来的人造卫星，而且有爆炸后的外星太空船残骸。苏联科学家在 20 世纪 60 年代初期，首次发现一个离地球达 2 000 千米的特殊太空残骸。经过多年研究后，他们才确信那是一艘由于内部爆炸而变成 10 块碎片的外星太空船的残骸。科学家向媒体宣布了这个消息，一下子就引起了全世界的关注。

追踪观察

莫斯科大学的天体物理学家玻希克教授说，他们使用精密的电脑追踪这 10 块破损的残骸的轨道，发现它们原先是一个整体。据估计它们最早是在同一天——1955 年 12 月 18 日从同一个地点分离，显然这是由一次强力爆炸所致。他说："我们确信这些物体不是从地球上发射的，因为苏联在大约两年之后才将第一颗人造卫星送入太空。"

著名的天体物理研究者克萨耶夫说："其中两个最大的残骸直径约为 30 米，人们可以假定这艘太空船至少长 60 米、宽 30 米。从残骸上看，它外面有一些小型的穹顶，装有望远镜、碟形天线以供观测及通讯用。此外，它还有舷窗供观察使用。"克萨耶夫补充说，"太空船的体积显示它有好几层，可能是 5 层。"

太空船残骸

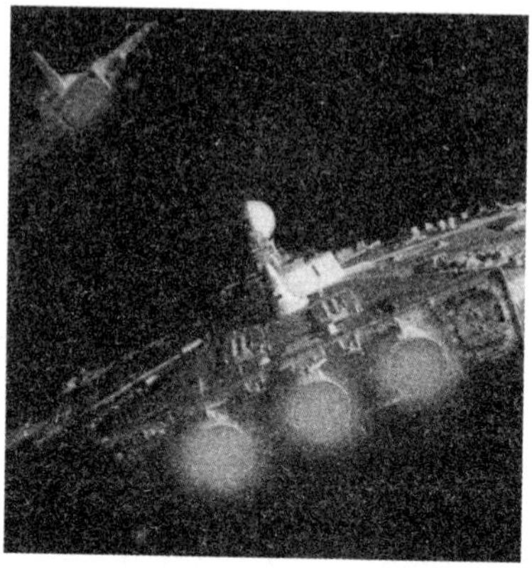

另一位苏联物理学家埃兹赫查强调说："我们多年收集到的所有证据表明，那是一艘机件出了故障的太空船发生了爆炸。"他还说，"在太空船上极可能还有外星乘员的遗骸。"苏联科学家的发现使美国同行产生了浓厚的兴趣。美国核物理学与宇航学专家斯丹顿说："如果我们到太空去收回这些残骸，相信我们可以把它拼合起来。"

十分有趣的是，早在苏联人宣布他们发现地外太空飞船残骸的 10 年前，美国天文学家巴哥贝就在国内一份著名的科学杂志上发表了一篇文章，其中提到有 10 块不明残片围绕地球运行。这位天文学家认为，它们来自一个分裂的庞大母体，而这个不明物体分裂的时间就是 1955 年 12 月 18 日，这正好与苏联科学家的研究结果不谋而合。而且，巴哥贝同时驳斥了爆炸后的残骸只是一种自然现象的可能性。

本维特斯事件

“本维特斯事件”是指1980年12月末，在英国租借给美国空军的本维特斯基地总部附近的伦都斯翰森林中44平方千米的木材商业采伐区里发生的事件。

飞碟现身

一名身为基地总部“安全军官”的美国空军人员说，1980年12月末，住在伦都斯翰森林附近的一名叫巴特勒的农民向基地报告，有一架飞机降落到森林里，随后一些空军人员被派去进行调查。

调查人员发现那不是一架飞机，而是一个飞碟。他们返回基地报告之后，基地司令和其他高层人员来到现场，发现除了飞碟之外，还有一个1米高的三维物体，呈银白色，并发着光。这个飞碟的外表显然有损坏，三维物体是来对它进行修理的。4个小时之后，这个飞行物从地面升起，轻松地翱翔着，然后以极快的速度飞走了。

米沙拉提供的信息

关于本维特斯事件的最初报道出现在美国*OMNI*杂志1983年3月刊“UFO最新资料”栏目中。这篇文章是埃里克·米沙拉撰写的。米沙拉不只是向美国读者介绍了这一事件，他还设法访问了1980年12月末曾任本维特斯基地司令的泰德·康拉德上校。康拉德否认他看见过什么外星人，然而他的否认同他的确认一样有意义。米沙拉在他的文章中这样写道：泰德·康拉德上校这位声称必须要同外星人谈话的基地司令官，曾有过一段戏剧性的经历——在那个至关重要的夜晚，22时30

分，4 名警察在他们认为是一架小飞机降落的地方打开了聚光灯，其中两人在步行追踪目标物的过程中碰到一架安装着三脚架的大飞行器。飞行器没有窗户，但是发出闪闪耀眼的红光和蓝光。康拉德说，每当人们进入距飞船 50 米之内时，它会在空中飘动着 6 只“触脚”，迫使人向后退。他们跟踪了差不多 1 个小时，穿过树林，横跨一片野地，直到它“非常迅速”地飞走了。

UFO 遗迹

康拉德上校于第二天上午开始进行简单的调查研究。他来到森林里探明了一个显然是由三脚架留下的三角形印迹，这个三角形印迹约 2 米~3 米宽，约 2 米深。目击者说，这个飞行物的顶端发出脉冲红光，倾斜的侧下面发出蓝光，它用白光照亮了整个森林。当军人们接近它时，它机灵地穿过树林消失了。这时附近农场里的家犬狂叫了起来。大约过了 1 个小时，在后大门附近仍能隐约地看到这个发光物。

神秘的光环

吃完晚餐后，英国圣公会的威廉·梅尔基奥尔·基尔神父到外面散步，他抬头仰望星空时发现金星格外明亮，他心里感到奇怪，难道这个星球有了新的光源吗？

神父的记录

正当神父凝视夜空的时候，一些闪亮的物体从不断增厚的云层中闪现，使流云罩上了一层闪亮的晕圈。接着他注意到几个像人一样的生命体从一个物体中浮现出来，并且在这个物体上移动。开始的时候出现了两个人影，接着出现了第三个、第四个。附近的人们也都看到了这个奇异的现象，其中有教师、医生，还有孩子。这个飞行物离地面只有30米高，至少有38人看到了飞行物及上面的人影，历时约3个小时。

基尔神父是一位少言寡语、有些抑郁的人，他把他看到的一切都十分详细地记在了笔记本上，另有25位成年目击者在他这份报告上签了名，报告上标明的日期是1959年6月26日。

第二天发生的事

第二天夜里，这个奇形怪状的物体又出现了。那时太阳刚刚下山，只见4个家伙离开了那个似乎是“母舰”的东西到舱外活动着，同时还发现了两个小的不明飞行物，一个在神父的头顶上空，另一个在离他不远的

山上。

“那两个人形一样的东西似乎在干着什么，”基尔神父记录道，“他们弯下腰，偶尔抬起手臂，像是正在调试着某种仪器。”

当其中一个向下看的时候，神父伸出了手臂挥舞着，那个家伙也挥了挥手臂，神父吓了一跳。另外一个目击者举起双手挥了挥，对方也做了相应的回答。

传教团的一位小男孩找到了一只手电筒，照向这个飞行物。只见那4个家伙像“钟摆”一样晃动着，飞行器离地面更近了一些。地面上的人群开始高喊着欢迎他们着陆，却没有收到任何反应。“那几个人似乎对我们失去了兴趣，两三分钟后，他们返回了机舱。”基尔神父后来回忆道。

巨大的爆炸声

这个不明飞行物停留在这个传教团上空至少有1个小时，后来，随着天空变暗和云层加厚就什么也看不到了。22时40分，一阵巨大的爆炸声震醒了已经熟睡的人们。他们跑了出去，但天空中什么也看不到。

基尔神父把他看到的一切情况报告给澳大利亚空军，后来他们又与美国空军取得了联系。这位神父承认，他当时认为那是美国最新研制的飞机，但经过证实没有任何飞机抵达那里。没有任何一架飞机飞行时不会发出噪音，也没有任何飞机可以静止悬浮在人们可以看得很清楚的低空而不发出任何声音。这究竟是怎么一回事？

探寻 UFO 基地

地球是人类共同的家园，那么外星人的家园是否真实存在，UFO 基地位于哪里呢？究竟位于南极地区，沙漠地区，还是月球上呢？

UFO基地与来源探秘

经过几十年来对行星和月球的探索，美国、俄罗斯逐渐认识到：要想进行更远的星际航行，建立太空中继站势在必行。如今，俄罗斯和美国都已建立了空间站，开始计划在月面上建中继基地。地球人尚且如此，那么造访地球的外星人的飞碟有无基地？他们的基地在哪？UFO的母星在哪？对此人们众说纷纭。

宇宙基地说

有许多的UFO研究者认为：UFO来自太空中的银河系或其他星系。它们由若干艘庞大的宇宙飞船——UFO母舰统一运到太阳系附近，在那里自成基地或在某个星球建立基地，之后放出子飞碟，列队或单独进入地球空间。进入地球的UFO有时无乘员驾驶，受母舰遥控；有时由类人生命或机器人控制。它们可能在太阳系的金星或其他行星上建立过

“中继站”，也可能在月球上歇过脚。迄今为止，有很多证据都证明月球是 UFO 基地。

UFO 海底基地

加拿大的让·帕拉尚等人最先做出存在海底基地的假设。经过调查研究他们得出结论：几万年前，大西洋上原有个高度文明的大西国，后来因发生战争和洪水，大西国沉入洋底，而大西国人也就是玛雅人随之转入海底生活，在那里建立永久性基地，但有时也乘 UFO 冒出海面，在地球空间里遨游。帕拉尚等人据此来解释百慕大三角的神秘事件和 UFO 出没这片海域的奇异现象，推说这一切都与水下玛雅人有关。

UFO 南极基地

UFO 专家安东尼奥·里维拉曾怀疑飞碟是否是德国纳粹的秘密武器。他这样怀疑的依据是第二次世界大战末期，德国人设计出了几个飞碟，其中几架很可能被纳粹用潜艇运到南美和南极了。另一现象又似乎足以证明这个假设，那就是大部分 UFO 都来自南极。因此，一部分人便推断南极存在着 UFO 基地。

UFO 地心基地

以德国 UFO 专家威廉·哈德森为代表的人认为：UFO 是地球上一种高等智慧生物的乘具，他们长期以来居住在地球深处，在那里形成了地下文明。他们不习惯在地球表面的空气中生活，因而需要乘特殊飞行器才能出入地球空间，其出口往往建在深山峡谷之中，或在荒无人烟的大沙漠深处。也有人认为，地层的裂缝是他们的天然出口，所以那里往往是 UFO 现象的高发地区。

UFO 中国基地

法国的新闻记者——飞碟作家亨利·迪朗最先提出中国西北茫茫戈壁中存在 UFO 基地。他从 1954 年起利用采访之便，大量调查发生在法国、欧洲及其他地方的 UFO 事件，随后撰写了《飞碟黑皮书》《不明飞行物资料》和《外星人的足迹》等书。而中国戈壁存在 UFO 基地的推测是他在 1978 年出版的《外星人的足迹》这本书里首次提出的。他在《地球上有外星人基地吗》一书中有如下叙述：蒙古人民共和国首都乌兰巴托是工业和原子能中心，地处中国与苏联之间。乌兰巴托南接戈壁大沙漠，北临雅市洛诺夫山脉。并且在该城市与大山脉之间有一片荒漠，受到陡峭的山崖的保护。这里曾发生过无数起奇异的事件，从中国和苏联西伯利亚得到的目击报告表明：飞碟的飞行路线经过这一无人区域。这一点与某些探索者的观点是一致的。UFO 选戈壁滩或南极等渺无人烟处为基地，有三个原因值得注意：

首先，如同地球人类向月球发射载人飞船选择月面沙地和回收飞行器选择海面作为软着陆场地一样，外星人要在地球上频繁降落，百慕大三角海域和戈壁滩沙漠无疑是他们选中的好地方。

其次，据美国和法国飞碟专家分析：外星来的飞碟尽量避免同地球人发生第三类接触，即近距离接触的倾向。如果这一结论属实，那么人烟稀少、人迹罕至的浩瀚戈壁沙漠理所当然地成为良好的场所，飞碟在那里很难被发现。

此外，沙漠是陆地的重要组成部分，外星人研究地球，沙漠自然就成了一个不可缺少的课题。

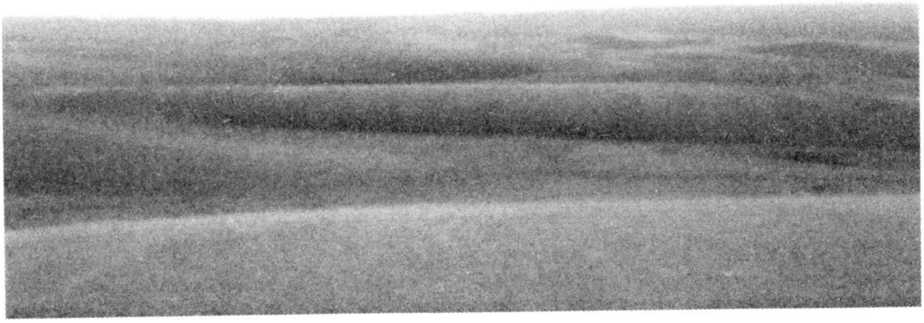

南极基地

加利福尼亚大学的物理学教授——研究 UFO 的莱恩·奇尔德雷斯在 1983 年初公布了他从美国国家宇航局搞到的一系列秘密文件和照片。他得出结论说："美国的宇航局成功地利用卫星拍摄到地球上的一个 UFO 基地。"

南极神秘湖泊

虽然近年来许多国家都派出科学考察队登上南极洲大陆在那里进行综合考察，但南极洲仍然是一个谜。南极洲有一个面积为 25 万平方千米的"湖泊"。专家们研究了这个湖泊，并命名它为韦德尔湖。美国国家宇航局的专家马修·加甘说，在冰天雪地、滴水成冰的南极，能有这

样大面积水域的存在，实在令人费解。如果说，由于至今不明原因的大气污染使南极洲瞬间存在少量的水尚可理解的话，那么一个大面积的湖泊存在数日之久则是违背自然法则的。

秘密基地说

对此，苏联人同美国人一样感到不安。东西方科学家们立即想到，这个湖泊的存在可能是地球人或别的什么人在南极洲活动的迹象。不久，一支美苏联合考察队奔赴南极洲，找到了那片大面积的湖泊。队员们对湖面进行了探测，他们发现滚烫的间歇泉水不断涌出，湖水污染严重，可是周围根本不存在火山活动。加甘和奇尔德雷斯在研究了考察队的报告后宣称：南极洲冰层下可能存在着一个“秘密的基地”，只有这种假设能解释奇怪的湖水和热泉。这两位 UFO 学家还指出，人类在该地区看见许多 UFO 活动，他们认为外星人很可能在地球人很少踏足的南极洲建立了自己的基地。

沙漠基地

在许多UFO案例中，中国的新疆、非洲的撒哈拉等地是UFO最常出没的地方。荒漠地区频繁出现UFO，引起了广大专家学者的高度重视。

牧羊人的遭遇

每年，牧羊人乌尔姆兄弟俩有一半时间都是在撒哈拉沙漠中的几个绿洲间放牧，碰上一片草场，就停下来搭个简易帐篷住上几天，让羊群吃得饱饱的。1978年秋，他俩在提迪克勒特绿洲的一条溪流边宿营，一天晚上21时左右，他们在河岸上燃起火开始烤羊腿。这时突然吹来了一阵风，刮得火星四溅，有一个黑乎乎的东西正在天空中盘旋，那上面没有一丝光亮，也没有一点声音，只是有一股气浪吹得火苗乱跳，地上的草也在摇动。不一会儿，那个黑乎乎的物体变成黄色，且渐渐发亮。它在周围转了几圈就向东南方向飞去，很快就消失不见了。

类似的案例还有很多很多。有人认为，在撒哈拉沙漠的一隅，也许存在着一个秘密的不明飞行物基地。

月球基地

1968 年 12 月 21 日上午 7 时 51 分，“阿波罗 8 号”飞船从肯尼迪宇航中心飞向月球，他们用望远镜照相机拍摄了第一张月球背面照片。在局部放大的照片中可以看到：在荒凉贫瘠的月球表面上，有一些景物绝不是大自然的造物，而是人类长期争论不休的 UFO 存在的实证。照片清楚地证明了地外文明的存在。

超级 UFO

因为照片中的 UFO 是在不同高度拍摄到的，所以不清楚它们是否属于同一种。如果它们大小相同，估计其直径大于 10 千米，相当于一个小城镇。对比照片中矗立的纺锤形物体，旁边的 UFO 则有其 10 倍那么大，大得实在超出想象。当然，不能用现代人类的技术水平或价值去衡量它，因为这是来自其他星球智慧生物的杰作。

威尔逊的著述

托恩·威尔逊在其所著的《月球的原住者》一书中这样叙述道："'阿波罗8号'一边接近月面，一边寻找适宜着陆的地点时，遇到了出乎意料的事情。'阿波罗8号'迂回到月球背面时，发现了正在着陆的巨大飞碟，并且成功地拍摄了那张照片。这个物体直径有10千米那么大。当飞船再一次来到月球背面时，宇航员们准备再拍一张照片，可是那个巨大的物体已消失得无影无踪，连一点着陆的痕迹都没有留下。"

专家对 UFO 的探索

神秘的 UFO 现象拨动了人们探索的心弦，带着一种对未知世界的探索，对更高文明的追求，科学家们正尝试着开启神秘的 UFO 之门……

科学家眼中的 UFO

海尔曼·奥伯特博士是世界上第一个真正研究 UFO 的科学家，被誉为“宇宙航行之父”，他是建立现代火箭理论基础的伟大科学家。受德国政府之托，他从 1953 年起的 3 年内，在约 70 000 件目击报告中提到的 UFO 残片中选出最可信赖的 800 件，从中推算 UFO 的航空工程性能，并得出以下结论：“科学可以把不可能和不能证实的问题看作可能，为了说明观察事实，必须充分地考虑科技假说。在已有假说中，UFO 是地外智慧生命操纵的飞行物，最符合观察事实。”

推翻否定论法则的根据

法国天文学家、计算机学家贾克·瓦莱博士，1954 年对从西欧到中东集中发生的 200 件以上的目击不明飞行物事件进行统计分析，结果发现很多推翻否定论法则的根据的东西。如目击事件与人口密度成反比，这和人口越多越易产生集团幻觉说相反；目击事件发生在日常生活中，且目击者无性别、年龄、职业和学历方面的偏颇，这与幻觉和病态妄想说相矛盾；从着陆痕迹测定或从状况推测 UFO 直径都为 5 米左右，这种暗含 UFO 的现象，与其说是心理的，不如说是物理的；目击的时刻分布和着陆地点分布的状况显示出存在智慧控制。瓦莱博士在 1966 年公布他的研究成果时说：“只要不拒绝把 UFO 作为空中物体来研究，那么，不把 UFO 着陆的报道作为研究对象是没有道理的。只要承认有被智慧控制的可能性，就没有理由否定 UFO 着陆和搭乘员降落的可能性。”

目击者汤博

有许多科学家曾目击过 UFO，如著名天文学家、冥王星的发现者 C · W · 汤博。1979 年 8 月 20 日，他和妻子、岳母在新墨西哥州拉斯克鲁塞斯的住宅之外看到 6 个~8 个“长方形的绿光群”，汤博说：“这是在夜空模糊地浮现出轮廓的巨大船体的舷窗，它随后远去，逐渐变小，最后消失。如果这是地面上某个物体的反射物，那么同样的现象应该反复出现。我经常在自己家的庭院进行天文观测，但这样的现象也仅在那个时候见过一次。”

地外智慧生物

地球之外存在智慧生物，这是 UFO 研究中的主要流派的根本观点，而 UFO 就是这一观点最有力的证据。但是，近几年来 UFO 虽然仍在不断出现，可人们却没有充分证据来证明 UFO 就是外星智慧生物的宇宙飞船，因而 UFO 研究曾一度陷入窘境，甚至一些曾坚持以上观点的 UFO 专家也开始动摇，认为 UFO 研究已经步入歧途。但研究并没有因此走入绝境，20 世纪 80 年代后期出现的一些证据是令人鼓舞的，它们可能会对 UFO 的研究产生重大影响。

外星人尸体

1988 年底，苏联一支由科学家组成的探险考察队在对戈壁沙漠进行科学考察时，有了更令人吃惊的发现：他们在沙漠地区发现了一个半埋在沙堆中的不明飞行物。而更让人吃惊的是：在这个飞碟中居然发现了 14 具外星人的尸体。据苏联当时的科学家推测，这架飞碟至少坠毁在 1 000 年前，由于沙漠非常干燥，坠毁的飞碟乘员的尸体没有腐烂。这一消息是苏联科学家杜朗诺克博士 1990 年在南斯拉夫宣布的。

美国与苏联的努力

在20世纪70年代初的一项调查中，美国有1 500万人自称看到过UFO，其中包括美国前总统吉米·卡特。

来自宇航员的报道

美国宇航员麦克迪·维特和怀特的报告更引人注意，他们驾驶“双子星座4号”宇宙飞船绕地球飞行到第20圈时，在夏威夷和加勒比海之间的上空发现一个银白色的UFO飞向他们乘坐的宇宙飞船。他们非常担心与之碰撞，正欲采取回避措施时，UFO从飞船旁高速飞了过去。这些宇航员都是一些优秀的技术人员，他们熟悉火箭、卫星和其他常见的飞行物，因此不会产生错觉。

州长与外星人

佛罗里达州州长伯恩斯与UFO的遭遇更是轰动一时。1966年4月25日，去参加竞选的伯恩斯和工作人员以及记者十余人正乘飞机飞行时，州长突然惊呼：“看，UFO！”人们涌向舷窗朝外看，在空中发现一个橘黄色的火球。起初他们以为是森林大火所引起的，仔细一看，才发觉火球来自与州长座机处于相同高度的两个发光体，其飞行速度大约为每小时460千米。州长命令驾驶员追踪，两个发

光物体突然垂直上升，瞬间消失。第二天曼斯菲尔德在报纸上发表了关于此事的报道，引起了很大轰动。

雷达发现的 UFO

1966 年 8 月 27 日，北达可达州战略火箭基地雷达站发现了 UFO，与此同时，基地对外的电讯联系突然中断，该基地安装有 3 条安全通信系统，在正常情况下电讯联系不会中断，因此基地司令惊慌失措。随后，UFO 以令人难以置信的速度垂直向高空飞去，从雷达屏幕上消失了，基地与外界的通信联系也随即恢复正常。

1966 年美国空军出资 50 万美元由科罗拉多大学设立“独立研究项目”对 UFO 进行追踪探索。

苏联境内的 UFO 事件

与此同时，苏联境内也发生多起 UFO 目击事件。克格勃对此现象自然也不会放过，于是他们邀请一批科学家组成“苏联宇宙飞行调查常

设委员会”，由斯特加洛夫空军少将主管这件事。该委员会与天文台合作，采取各种先进的技术手段对已发现的UFO资料进行研究，特别使斯特加洛夫少将感兴趣的是1963年6月8日在苏联发生的一起UFO事件：宇航员毕考夫斯基正在飞行时，突然发现一个椭圆形UFO尾随飞船，但片刻之后UFO便改变方向突然远去。

表面上极力掩盖事实真相，对外宣称“UFO为无稽之谈”的苏联科学院，暗中一直没有放松对UFO的研究。苏联宇宙飞行调查常设委员会其实就是一个得到克格勃支持的官方UFO秘密研究组织。此外，还有一些苏联科学家私下从事UFO的研究，阿格勒特斯博士和莫斯科航空学院的吉格尔博士均在此列。

宇宙探索计划

在“宇宙中生命普遍存在”这一信念的指引下，人类不断掀起探索地外文明的热潮，与此同时，对于生命的定义、组成、意义、演化和生命存在的必要条件等的认识也在不断加深。第二次世界大战以后，随着射电天文学的蓬勃发展和一系列新型测量仪器、观测设备的出现，探索地外文明终于从理论走向了实践。

1997 宇宙探索计划

1997 年众多的航天计划中包括更新哈勃望远镜和土星探测计划这两大工程。具体相关事项如下：

2 月，1997 年度的第一个航天计划是更新哈勃望远镜；

6 月，研究近地小行星会合的航天计划开始执行，并拍摄火星和木星之间主要的小行星带的主要成员第 253 号小行星；

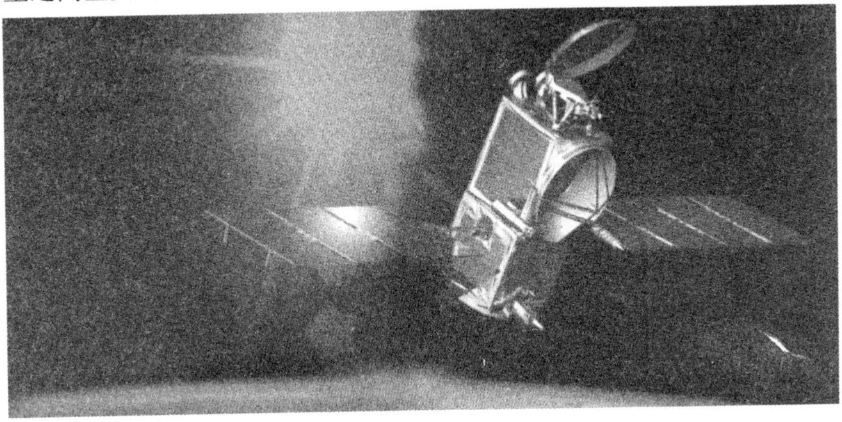

7月

1. “国际远紫外线旅行者号”将寻找太阳远紫外线放射的长期变化，并在“伽利略号”飞船的配合下，研究环绕木星的环状带电粒子区域及其卫星的射线。

2. “火星探路者号”在火星上着陆并放下一个小型机器人对着陆点进行探测。这次试验性火星登陆很可能为以后低成本、大规模利用机器人探测整个火星表面铺平道路。

8月，由“三角洲2号”火箭携带升空的“高级成分探测者”将通过分析来自星际太空、太阳及更远处宇宙的粒子来研究太阳系的形成和演变。

9月，经过10个月的飞行，“火星全球探测者”将进入环火星的轨道，每运转1周需要2小时，该探测仪将飞越火星表面的不同地域。

10月计划

1. 准备已久的“卡西尼号”将启程飞向土星。预计从2004年开始对土星和它的卫星进行为期4年的观测。进入土星轨道后，它将向土星的卫星“泰坦”投下一个名为“惠更斯”的小型探测器。这个小型探测器上配备的摄像机等器材，可以观测到土星的卫星上是否有在地球上所观测到的海洋或众多的甲烷湖。“卡西尼号”将研究土星的大气层、光环、磁场和众多小而结冰的卫星。

2. 美国航空航天局再次发射系列同步气象卫星。这一系列气象卫星和地球同步旋转，可以连续监视某地上空的天气情况。

3.“月球探测者”在坑坑洼洼的月球表面上空 100 千米处绕月球飞行 1 年，探测月球的构成成分和重力及磁场分布情况。它配有多种摄像分析仪，可收集月球放射的气体。该航天器将通过搜寻月球上是否存在含氢量巨大的地域来证实月球南极附近的一大片盆地是否存有大量的水。

4. 作为探测太阳的系列航天活动，某航天器第四次发射升空。该航天器将在空中放下“斯巴达 201-4”研究炽热的太阳外层。

11 月，“热带降雨测量卫星”是第一颗专门用于测量热带和亚热带降雨的卫星，也是第一次利用空载雷达观测降雨的卫星。该卫星在空中工作 3 年，将有利于人们理解降雨对大气环流的作用。这次行动由美、日航天部门合作完成。

蓝皮书计划

1947年初，执行蓝皮书计划的调研组织成立，总部设在美国俄亥俄州的莱特帕特森空军基地。美国国防部一开始对调查UFO并未十分重视，也没有明确的概念，这个计划当时被称为“优先件—211A”，密级为“限阅”，后来又改称“号志计划”。两周后，美国一架空军P51侦察机碰到不明飞行物而机毁人亡，促使美国空军组织开始了“遗恨计划”，加强了对UFO的研究。1952年改名为“蓝皮书计划”。这项计划起初属航空技术情报中心管辖，后又移交给外国技术局领导。

UFO目击热潮

1964年4月24日，警官朗尼·赞莫拉在近距离内目睹了一个着陆的不明飞行物，它状似鸡蛋，泛着银色光泽。此外，他还看见有两个矮小的类人生命体站在飞行物附近，但当他走上前去仔细观察时，这个不明飞行物突然发出巨响飞走了，在荒芜的沙滩上留下的是烧灼过的植物和着陆时留下的痕迹。赞莫拉是一位受人尊敬的警官，他曾经帮助天文学家寻找过落到地球上的陨石，所以他的报告引人注目，一下子便成了全国性的新闻。美国空军对这一案例进行了调查，但无法做出解释。

就在公众对UFO的兴趣还相当浓厚的时候，该调研组织发表了《UFO的证据》这一报告，报告列出了UFO的许多重要目击者的姓名，并介绍了他们的发现。报告还要求开展对UFO的大规模科学调研组织的发展研究。

1964年之后，调研组织得到了迅速的发展，同时其研究网点也增

加了很多。在全国范围内建立了一流的研究小组，其成员包括科学家和其他技术人员，地点设在美国宇航局科学考察站、通用电气公司实验室和一些大学等科研场所。

1966 年春季，在美国又开始出现了 UFO 目击热潮，这次热潮至少持续了两年时间。虽然美国空军仍然坚持说没有发生无法做出合理解释的任何现象，但是公众却不再相信这些话了，美国主要的报纸和著名的评论员也点名批评了美国空军。

一连串的 UFO 事件惊动了当时的美国总统约翰逊。在总统的关注和舆论的压力下。美国空军于 1966 年出资 50 万美元与科罗拉多大学签订了一项协议，决定对 UFO 进行研究，该项目的首要负责人是著名的科学家爱德华·康顿博士。

蓝皮书计划危机

起初，科罗拉多计划是完全独立地进行的，调研组织提供了数百份 UFO 案例的材料、各种文件和建议。但是，随着时间的推移，康顿博士开始公开诋毁有关 UFO 的陈述，每一次他都无中生有地说他的讲话

被人歪曲了。这种态度甚至使那些正在尽心竭力完成这项计划的科学家们感到惴惴不安。最后，矛盾不可避免地激化了，调研组织只好收回所有的帮助和支持。而为科罗拉多计划服务的一些科学家被解雇，另一些则提出了辞呈，整个计划受到了致命的打击。

《康顿报告》

为了完成与美国空军签订的协议，科罗拉多大学继续进行研究，最后发表了一篇报告，即著名的《康顿报告》。这份长达 1 500 页的报告做出了否定 UFO 存在的结论，但其中仍收录着不少描述生动、情节详尽、无法解释的案例。报告一经发表，一位持不同意见的科学家立即在一本书中对该调查结果表示异议。于是，又引起了一场新的激烈争论。不过这一次，许多科学家都卷了进来，急着想知道究竟争论的要点是什么。《康顿报告》的字里行间含蓄地承认有许多案例是无法解释的现象。卓有声望的美国宇航局成立了自己的 UFO 研究小组，他们不同意《康顿报告》，而认为 UFO 是一个真正的科学奥秘。尽管这样，美国空军仍然利用了《康顿报告》，决定撤销对 UFO 的研究。1969 年，“蓝皮书计划”宣告结束，它所有的档案都被存在美国国家档案馆内。

美国的 UFO 调查组织

美国的“飞行器内部系统调查组”（简称“设计调查组”）是一个非盈利性的团体，由医生，航天工程师、科学家等专业人员和支持他们的政府部长、艺术家及新闻界人士组成。该组织的研究重点在 UFO 内部系统与工程学研究上。

调查结果分析

设计调查组收集了数十起外星人劫持人质的案例。调查结果表明：在 18 起案例中，有 15 起案例的被劫持者受到了医学检查；在 19 起案例中，有 15 起在劫持中出现了某种光束；在另外 18 起案例中，有 15 起的被劫持者留下了医学上所说的后遗症；在 17 起案例中，有 15 起案例的被劫持者描述了飞船的内部结构。这个设计调查组已经把有关问题列了表，这对调查劫持案例的人员会有帮助。表内列举的问题涉及不明空间飞行器的详细工程系统、医学检查及检查时所用的仪器、外来生物的生理情况和被劫持者生理上的后遗症。有资格的调查人员可以通过向设计调查组提出书面请求而获得这些调查表的副本。没有各个领域内志愿人员的合作，这个组织就不可能实现自己的目标，因此对那些提供有关案例资料的人，该组织将向他们提供从案例中获得的资料及进一步的研究结果。虽然这个组织有严格保密的劫持案例的资料，但也向学校、政府机关、医院、科研机构、可靠的 UFO 组织、新闻界和公众提供了丰富的研究性资料。这种交流将通过信件、每季度召开的公开讨论会、在科学杂志上发表文章、电视、广播、为 UFO 组织主办的杂志撰写文章和参加专题座谈会等方式来实现。

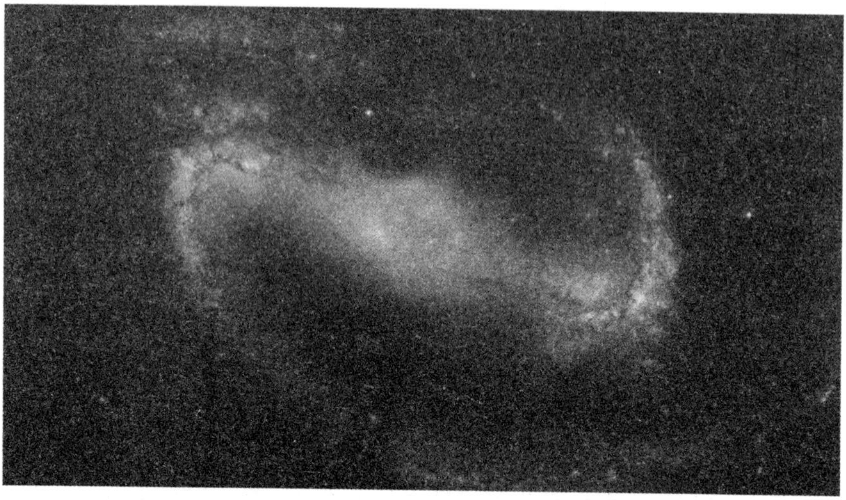

不明飞行物共同组织

1969 年 5 月 31 日，“美国中西部不明飞行物共同组织”正式成立，1973 年 6 月 17 日更名为“不明飞行物共同组织”，简称为“MUFON”。该组织由董事会统一管理，董事会由 15 人组成，他们之中有负责领导整个组织的负责人、4 名地区董事和其他主要部门的董事。在北美洲，各州的工作分别由各州的董事负责领导。每州又按地理位置分成由几个县市组成的小组，各州的区董事负责联络各专业调研人员的研究活动。不明飞行物共同组织与各国董事或驻各国的外国代表保持联系。顾问咨询委员会由研究主任詹姆斯·麦克坎培尔负责，其中大部分顾问都在他们各自的专业领域里拥有博士学位。由于各专业的调研人员是不明飞行物共同组织的重要组成部分，因此由雷蒙德·福勒编写的该会专业调研人员手册受到了世界各国 UFO 研究者的重视。

不明飞行物共同组织要解开的谜

自 1970 年以来，在不明飞行物共同组织的 UFO 年会上，许多国际上著名的科学家、工程师、研究人员和作家都对他们所感兴趣的问题做出了自己的贡献。为使与会者的见解能永远被载入史册，有版权保护的该会会议记录每年都出版并发行到世界各地。不明飞行物共同组织的正式会刊是《不明飞行物共同组织 UFO 杂志》（The MUFON UFO Journal），原名为《天空展望》，创办于 1967 年。不明飞行物共同组织的宗旨是以科学的方法解开 UFO 之谜和研究全部衍生物。该组织要解开以下 4 个谜。

1. 不明飞行物是不是由一种先进的智能生物所控制的某种宇宙飞船？它们是不是地球的监视者？它们是否构成了 20 世纪科学所解释不出的不可知的物理学与心理学现象？

2. 如果不明飞行物被认为是外星人控制的飞船，那它们的推进方法是什么？或者，如果这些外星人拥有在另一维空间的操纵技术，这又是怎样完成的呢？

3. 假定它们是受外星人控制的，它们来自何方？它们是来自我们的宇宙空间呢，还是来自其他空间？

4. 如果某些飞船是由具有人的特点的生命驾驶的，那我们又能从他们先进的科学技术和对地球人有益的文明中学到些什么呢？

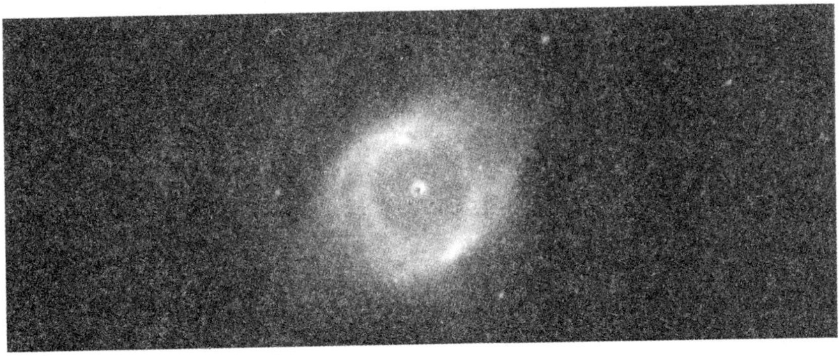

法国的研究组织

法国国家宇宙研究中心于1977年5月1日设立了一个新的科研机构——不明宇宙现象研究组（GEPAN）。该机构的设立，主要是考虑到广大群众对这类现象表现出越来越强烈的兴趣。并且国家宇宙研究中心的一些工程师对这类现象早已产生了兴趣，因此，该中心的一位工程师克洛德·波埃就成了CE-PAN的第一任主任。

GEPAN的具体工作

该组织有两名专职人员，一位是负责人，一位是秘书。另外，法国国家研究中心的数十名工作人员以及分散在法国各研究机构的一些研究人员也将抽出一部分工作时间或用他们的业余时间同这两名专职人员合作开展GEPAN活动。

此外，GEPAN还设立了一个科学委员会，其成员都是一些资深科学家，他们主要负责检查和指导GEPAN的活动方针。在GEPAN和科学委员会里，有物理学和人类学等各个领域的专家，这就符合了飞碟研究的多学科的特性。GEPAN有自己广泛的情报来源，自1975年以来，法国国家宪兵部队就是一个最重要的情报提供者，他们对每个目击案例都进行了调查，并写出了详细的调查报告。每份调查报告的副本都送交

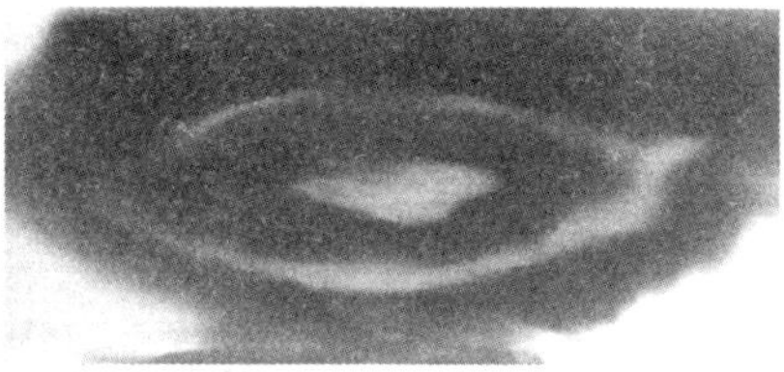

GEPAN 做研究资料，他们现在拥有约 800 份报告，这样的报告每年都要收到 200 份～300 份。与此同时，民航部门、空军、陆军、海军都同意把自己活动范围内——空中（飞行员）、地面（雷达控制）或海面——观察到的 UFO 情况送到 GEPAN 来。一些民间的飞碟学团体把自己的档案材料向 GEPAN 开放。总之，越来越多的目击者直接向 GEPAN 打电话来报告自己的目击经过。依靠着这样一个遍及全法国的 UFO 研究网，他们的情报是不用发愁的。

GEPAN 的研究成果

从 1977 年以来，GEPAN 所进行的工作以及在它以前人们所进行的某些调查研究告诉我们：某些不明现象不能立即归纳为传统的物理或心理现象；所目击到的东西是个物质实体，这在很大程度上是个推测；目击到不明现象与目击者本人的业务专长无关。事实证明，社会各阶层都有目击者，包括各种年龄、各种性别和各种社会职业。

这些成果是重要的，但需要以后的调查和统计研究来证实；这些成果还表明，不明现象超出我们的理解范围和我们的科学知识水平。为了在这方面取得显著的进展，GEPAN 决定在自然科学（提高材料质量、分析报告的内容）和人文科学（目击问题、记忆过程、社会反映）两个方面为主确定新的研究阶段。可是，要实现这方面的计划，在很大程度上取决于公众对这类问题所持的态度和目击时的行为。公众的态度和行为决定着研究人员是否能获得必不可少的材料，因此不明现象问题不仅仅同某个科研小组的活动有关，而且同每一个人都有关系，只是程度不同罢了。

英国的研究组织

1962 年，英国成立了“大不列颠不明飞行物研究组织”，这是英国最早的研究不明飞行物的官方团体。它由国家资助建立，对会员的资格并没有严格的规定，每个会员都有权参与调查工作。在所有同类性质的团体中，不列颠不明飞行物研究组织一向以其成功的集会而闻名。1979 年 8 月，在伦敦由该组织的主席彼得召集的国际性大会上，通过了成立“国际不明飞行物研究标准工作组”的决定，使该组织名声大振。该组织出版两份刊物，一份是《不列颠不明飞行物研究组织》杂志（双月刊）；另一份是 1979 年 8 月创刊的《短暂太空现象》杂志。

英国接触协会

英国接触协会是英国另一个 UFO 研究组织，其态度和方法与不列颠不明飞行物研究组织迥然不同，它是国际性“接触协会”总部的所在地，其目标是将世界各地不明飞行物现象归类入档。在牛津大学的 UFO 研究中心内，就存有一份《全球不明飞行物分类编目》。英国接触协会成立于 1968 年，前身叫“国际天空观察队”。该组织所举办的活动很一般，他们并不经常集会，也不注重对每个案件进行研究。但有一点是值得称道的，那就是该组织的出版物或报告一直保持着较高的水平。它出版两份刊物：一份是《通晓》季刊，它刊登一般性文稿；另一份是《不明飞行物体名册》，它专门登载特别的报道、UFO 的分类或研究性文章。

其他的 UFO 团体

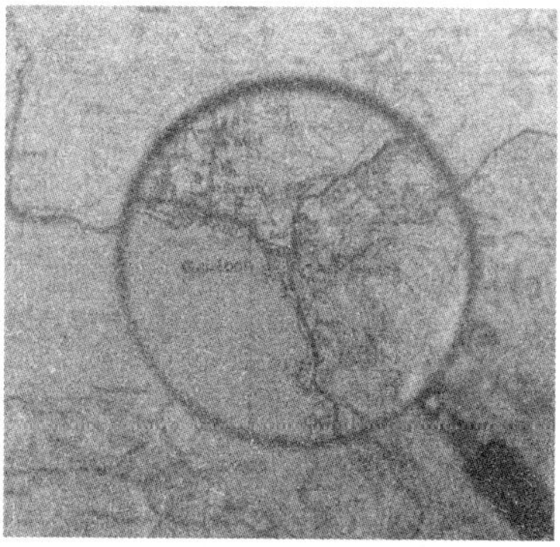

在英国各地还有其他一些研究团体，虽然成员都不多，但研究成果却很可观，它们与官方的不列颠不明飞行物研究组织保持着良好的合作关系。

不明飞行物研究工作的重心多年来一直集中在伦敦附近或英格兰南部，为了改变这种情形，“不明飞行物北部联合会”于 1974 年成立，该联合会由 18 个分布在本岛北部与中部的团体组成。该会建有中央档案系统，所有资料都可以供研究者们自己选用。此外，联合会每月出版一份通讯，以协调和报告各项研究工作的进程和结果。

由于越来越多的人声称他们是不明飞行物研究专家或调查者，一个重要的团体——“不明飞行物研究基金组织”诞生了。该组织采取会员制，凡想入会者，必须先拿出一份简历。在这份简历中，撰写 UFO 案件技术报告的水平将是入会的重要条件。这个组织的会员不缴纳会费，调查活动的费用均由自己支付，他们出版的杂志有《飞碟评论》。

除了上面谈到的团体和出版物外，还有一些团体和刊物也很重要：“曼彻斯特研究协会”是一个与新闻界关系密切的 UFO 研究协会，该会会员是以贡献大小为入会条件的，它不接受一般人员入会；伯明翰的“不明飞行物调查部”只从事少量的 UFO 研究工作或调查工作；“空中现象调查会”是一个规模很小的团体，但会员们均以工作经验丰富和效率高而著称；“爱尔兰不明飞行物研究中心”是一个研究不明飞行物历史与社会意义的团体，该中心出版有《爱尔兰 UFO 新闻》杂志。

对生命的探索

1953年，芝加哥大学化学系的学生斯坦利·米勒曾产生过一个当时被许多人认为是荒诞的想法：世界上基本物质中的矿物元素能不能必然产生生命？米勒为此大胆地进行了实验，如果没有实验来证实，这个设想恐怕只能永远成为人们争论的话题，最多也只不过是一个空泛的理论而已。

生命出现的实验

斯坦利·米勒的设想和实验似乎过于简单，因此，人们的怀疑是可以理解的。米勒排除了种种干扰，勇敢地开始了探索。米勒设想，把构成地球的原始的矿物质放在一个庞大的试管里进行实验。这些矿物元素有甲烷、氨、氢以及水。他把这些无机物质混合在一起，然后向试管通电，放出电火花。大家知道，40亿年前构成地球的所谓“原汤”上空，经常产生强大的雷雨。经过一个星期的操作以后，当他仔细观察试管时，发现底部有一种淡红色的奇异物质。米勒又惊又喜，立即对它进行了化验分析，结果证明是氨基酸。大家都知道，氨基酸是生命组成的要素。虽然米勒从无机物质中没有创造出生命来，但他发现了一个可能会衍化生命出现的化学程序。

前代的假说

应当说，是苏联生物化学家奥帕里涅于1924年提出的一个具有里程碑意义的假设，才导致了米勒天才的实验。奥帕里涅的假说认为：40亿年前，在太阳紫外线的作用下，地球表面出现了第一批氨基酸，这些

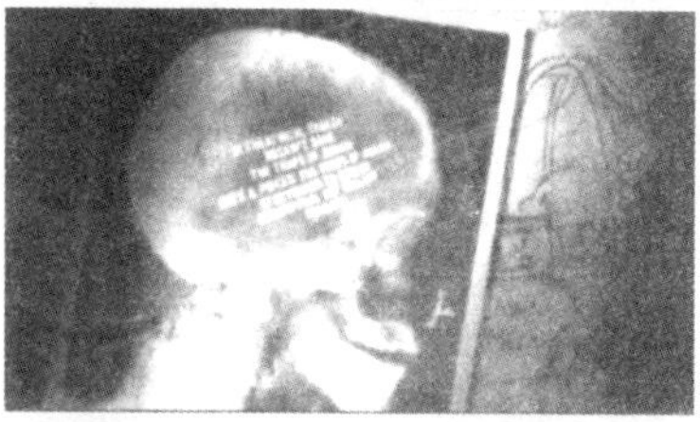

生命的原始物质掉进了海洋，便形成了所谓的“原汤”。随着时间的推移，生命的原始物质不断地进行结合，其结构越来越复杂，最后生命就诞生了。这位苏联生物化学家认为，他的这个描述并非异想天开。他自己曾观察到，在注入大量溶剂的浓胶状的溶液中，蛋白质很容易结合起来。米勒的发现极大地震撼了科学家的心灵，米勒以实验证明：一定物质的化学结合，必然会导致生命的出现。这一理论不久就被广泛认可，从而使以前的旧学说分崩离析。

探索的新成果

继米勒之后，诺贝尔化学奖获得者梅尔文和卡尔文，用回旋加速器发射的电子来代替紫外线进行实验。后来，另一名科学家福克斯又对“原汤”的各种条件进行了模拟实验。40 亿年以前，火山爆发向地球表面喷吐出大量的火焰，熊熊燃烧着的岩浆直接流入海洋。福克斯把模拟的“原汤”同岩浆接触，然后加热，使温度升到 107℃，同时加进 17 个氨基酸分子。结果实验产生了类似多肽的物质。换句话说，他获得了由几百个分子组成的氨基酸链，从此一门新的学科——生物学诞生了。自 1953 年以来，实验室的实验越来越复杂了，科学工作者人工制造出了越来越高级的氨基酸和分子。1970 年，科学工作者竟研制成了脱氧核糖核酸分子。要知道，脱氧核糖核酸分子是构成生物细胞的重要成分。

外太空的魅力

在取得这些新发现的同时，天体物理学家们也在宇宙空间找到了各种各样的分子。一门崭新的学科——天体化学，于 20 世纪 70 年代诞生了。的确，天体物理学家们 1972 年在宇宙间发现了 24 种分子，而在 1977 年又找到了 45 种分子。

不过，有人曾经认为，除原子和粒子外，宇宙不会孕育出别的东西来。可是，事实表明，科学家们发现了越来越多的化学成分十分复杂的物质。已发现的相当高级的分子在宇宙的生命发展中起着重大的作用。它们像蘑菇的孢子一样驾着宇宙的风或坐着冰冷的彗星迁居到各个星球上去。一些科学家对宇宙存在生命深信不疑，他们由此而得出的结论是：同地球一样，宇宙里化学反应必然会导致一个越来越复杂的结构，最终又必然会导致生命的出现。

第三类接触

神秘的 UFO 现象背后到底隐藏了什么样的惊天秘密？一些超越现代文明的遗迹如何解释？我们的世界中到底隐藏着哪些玄机？让我们从另一视角，去探寻外星人的迷踪。

地外生命对人类的态度

如果真的存在外星人，那么不妨想象一下，这些智慧生命对我们可能抱有的几种态度，因此我们可以确定对他们采取什么态度，同时决定是否回应他们的来电。

人们的猜测

第一种可能是外星人对我们抱着理解与关心的态度。也就是说，外星人帮助我们，对我们有好感，这是最理想不过的。外星人愿意向我们提供相当尖端的科学理论、技术、艺术以及其他各类情报，指点我们科学的研究方向，提醒人类千万不要做导致环境恶化、灭绝人类的事情。不过，即使这种态度能够实现，但也有相当的局限性。假设一下，我们能否从外星人的失败中吸取教训？病只有生在自己身上，才能懂得它的痛楚。如果前进道路一帆风顺，可能会减弱我们对生命、知识和艺术的追求。促使我们人类不断前进的就是“困难”。

第二种可能是外星人理解我们，但不关心我们，换句话说，他们对我们怀有好意，却不帮助我们什么。尽管这种态度令人不快，可能性却是很大的。如果外星人的文明远远超过了我们地球人几千年或者更长的时间，恐怕他们将会用怀疑的目光观察我们，就像我们以同样心理看昆虫是否具有智能一样。是啊，我们又能向昆虫教授什么，警告什么呢？

第三种态度是表示关心，但不理解我们，也就是说，他们之所以对我们感兴趣，只不过是出于实用的观点，比如想观光一下地球上的美景。

当然，还有一种，也就是既不感兴趣，又不理解。不过，这种可能性很小，因为果真如此，几千年来，飞碟、外星人就不会频繁光临地球了。

猜测背后的猜测

我们可以研究一下这几种态度。

首先，如果外星生物的技术水平足以发现我们的话，我们再遮遮掩掩也没有用，这并不是首要的问题。人们认为扩展“合作范围”是壮大自己的关键，为此而不断地努力；人们也体会到裹足不前的发展最终是没有前途的，所以人类多方努力，开阔眼界。这个合作范围早晚要扩展到太阳系，或许现在就已经提到日程上来了。地球人遇见的外星人越是和地球人极端不同，这种接触就越有益，越能促进地球人思想的发展。

和地外文明互通电讯以后，地球人很可能和科技发达的生物相遇。而且这种相遇有助于明确自己在宇宙现状、宇宙进化阶段中所处的位置。衡量事物的尺度不同，得出的结论将更明确；人类日常的考虑都是适应日常的尺度或历史上的约定俗成。看来，人类应该把它转换为宇宙的尺度，否则将会成为蠢人。

与地外文明接触是了解宇宙的一个有利因素，它会开阔人类观察宇宙的眼界。如同上面提到的，在进化过程中，有必要从更高的角度观察地球在宇宙中所处的位置。地球人是在一定社会条件下的宇宙生物进化的产物。宇宙进化的无机阶段已经按照发展规律到达生物学阶段；而生物学阶段又进而到达了社会阶段。尽管人类不清楚今后地球的未来在哪里，但是，认为进化到人类阶段已是最高发展阶段的想法，显然是幼

稚的。

人类的目的首先要寻求保存自己。同样，恐龙也是如此。假使恐龙得以保存下来，人类大概就无法存在了。宇宙的进化没有把恐龙作为发展的顶点而永远停滞在恐龙阶段，这正是大自然的高明之处。

勇敢面对

逃避是无益的。科技高度发达的地外文明，一旦决定和地球人接触，那地球文明是躲也躲不过去的，不如从外星人那里学习更多必需的、重要的知识。事实上，我们只能通过他们，才能知道人类科学研究的道路还十分漫长。历史长河赋予人类的科研时间还绰绰有余，我们不但没有全部揭示进化的社会阶段中的许多奥秘，而且还有着相当遥远的距离。

那么，果真能和外星人达到相互理解的地步吗？确实，就人类目前的状态，做到相互理解是十分困难的，有着诸如社会的、人种的、年龄的大大小小五花八门的障碍。尽管这样，人类还是越来越趋向大同，寻求和平与相互理解。人类和其他外星文明相遇，意识到自己在宇宙中的地位，说不定会加速人类社会本身的大发展！正因为这样，地球人才有必要不畏风险，和外星人进行接触。

文明的警告

火星人的警告标语出现了！苏联一位太空专家于波·波索夫在莫斯科记者招待会上，公布了一个惊人的消息：在 1990 年 3 月 27 日，一艘由苏联发往火星进行探测的无人太空船，从火星荒凉的表面上，拍摄到一个奇怪的警告标语。

火星的警告

这个警告标语上竟然是用地球上的字书写着“离开”两个字，从太空船发回的照片上看，这个标语好像是用坚硬的石块雕刻而成的，按比例估计，这两个字至少有 800 米长、75 米宽。从其光滑的表面看，可能是用激光切割成的。

火星人为什么要写这么两个字呢？波索夫博士说：“这显然是摆给地球人看的。我想那一定是由于我们派往火星的探测船太多了，已经骚扰到火星上生物的安宁，所以他们发出这个警告，叫我们离开。”

波索夫博士透露说，他们派出的太空船开始时一切都很顺利，但当把上述写了警告字句的照片传回地球后，便神秘地失踪了。那太空船是被火星上的生物给毁灭了，还是暂时被他们扣押了，现在还弄不清楚。他说：“如果我们先用无线电与那些火星人联络上，然后再派人到他们的星球，与之建立外交关系，我想他们是会接受的。”

波索夫博士公布的内容，震动了西方科学界，不少科学家对此深信不疑，认为这是人类太空史上的一项重大发现。

地下文明之谜

有人认为在我们的地球上除了人类文明外，还存在着地下文明，难道在地球内部真的存在一个“世外桃源”吗?

神秘的隧道

1904 年，一位名叫布朗的采矿者在美国加利福尼亚卡斯特山脉中发现一处类似巨人居住的人工地道。这个洞穴中有用巨大铜锁锁住的巨大房舍，墙壁间有黄金铸成的盾和他从来没有见到过的物品，墙壁上还画着许多奇怪的图画和文字。

第二次世界大战期间，美国陆军上士希伯在无意中发现了一处被巨石隐蔽的洞口。希伯冒险进入洞内，竟然发现里面被人工光源照得亮如白昼，俨然就是一处庞大的地下王国。据他所说，这个地下王国通向地面的隧道有数条，在世界其他一些地方还分别有秘密出入口。

1968 年，美国 TG 石油公司勘探队，在土耳其西方大洞穴地下 270 米的地方，发现了地下深邃的岩盘隧道，隧道高四五米，洞壁、洞顶光滑明亮，显然是人工打磨而成。洞内到处是蛛网般密布的横洞，俨然就是一个扑朔迷离的大型迷宫。

位于中国贵州安顺县龙宫附近的一个石洞，曾经在一个夏天的夜晚射出一束强烈的光柱，光柱呈筒形，直径足有 4 米，照得四周田野村庄亮如白昼，时间持续长达数分钟。据当地县志记载，此地在清顺治年间也曾发生过这种奇景。然而那个山洞内空无一物，那么这样强的光源又从何而来呢？

人们的猜测

有人会问，如果真的存在这个地下王国，那么他们为什么不到阳光明媚的地面上来生活呢？答案有可能是这样：这个地下王国的居民长期居住在地下，或许已经演化成嗜热的硅生命体，不再适应地面的生活。而更有可能的答案则是——他们是外星人，为了不被地球人发现才在地下建立了庞大的基地，因此他们当然不会来到地表生活。如果地下王国真的存在，那么有一点是肯定的，他们必定掌握着相当高的科学技术，而一系列所谓的谜也就不难找到合理的解释了。然而实际情况到底如何，只能拭目以待了。

寻找外星文明

随着现代科技水平的提高和越来越多的“外星人”事件，人们越来越想知道究竟是否存在地外文明，因此展开了寻找外星文明的一系列探索。

飞行速度

二十多年前“先驱者”号和“旅行者”号飞船，开始带着地球人的问候遨游太空，它们以大约 17.2 千米/秒的速度不停地飞行。在地球上看来，这样的速度已是很快了，超过了第三宇宙速度，但对太空航行来说，这样的速度是非常之慢的，简直就是蜗牛爬行，要到达离我们最近的恒星——比邻星，至少也要 10 多万年。

地球人的飞行器

由此可见，要想尽快与外星人取得联系，人类目前飞船的这种速度是不行的。能源是影响飞船飞行速度的主要原因。因为燃料过多，就会加重飞船的自重；自重太大，就会大大影响飞船的速度。

人类自从发现了核能之后，已经用它制成了原子弹、氢弹、核电站。科学家正在设计一种使用核燃料的火箭。核火箭与普通家庭中的电冰箱差不多大小，它的核心是一个压力罐，里面充满了沙粒大小的燃料丸。这些燃料丸便是浓缩铀，埋置在石墨体中，由碳化锆外壳包裹着。

核火箭的启动并不是通过点火，而是通过由金属铍制成的旋转镜来实现的。铍是一种反射材料，通过铍的反射，逸出的中子回到燃料丸中，不断增长的中子流引起核裂变反应，使燃料丸急剧升温。这时，将液态氢泵入火箭核反应堆，氢立刻被气化，气态氢骤然膨胀，从火箭喷管中喷出，推动火箭向前。

制造核火箭的困难在于必须设计一种辐射防护屏，必须保证在火箭紧急着落时，不发生核爆炸。

可是，按照目前的设计方案，顶多只能使飞船的飞行速度提高到每秒 70 千米左右，对于漫长的宇宙之路来说，仍然无济于事。

民航机遭遇 UFO

在相关报道中，曾有过多次民航客机在飞行过程中遭遇UFO的事例。

1959年2月的一天，美国宾夕法尼亚州和俄亥俄州的6架民航飞机的机组人员，在飞行途中目击了3个不明飞行物，其中一个UFO两度离开编队，降低高度，向飞机靠拢。美国航空公司713班机的机长彼得·基利安看到该不明物体向他飞来时，准备迅速调头返航。可就在此时，只见那飞行物骤然停止下降，悬浮在离飞机一定距离之处，仿佛它的目的仅仅存于监视或观察飞机似的。过了片刻，该不明飞行物体如闪电般地回到了编队之中，然后又突然向飞机冲来。这一次，机长基利安没有改变航向，镇定沉着地驾驶着飞机，同时注意着“来犯者”的动向。从那个物体的轮廓来看，它比基利安的飞机还要大，闪着白光。基利安立即通过机内话机通报机上乘客，当时只有一个乘客流露出恐慌的情绪。基利安知道，要是那个奇怪的物体再向飞机靠拢一点的话，全体

旅客都会惊恐起来。因此，他决定拐弯避开 UFO。说也奇怪，此刻这个不明物体又迅速升高，回到了自己的队伍里。

基利安向另外两个机长通报情况，后者回话说，他们也看到了这 3 个不明飞行物。基利安机上一位名叫庞卡斯的乘客，是一位航空专家，当飞机在底特律机场着陆后，他向新闻记者发表谈话说：

“当时天气晴朗，我看见了那个不明飞行物，它们呈圆形，飞行时有严格的队形，我从未见过这种现象。”

另一架飞机的机长和他的机械师亦向报界证实了此事，937 和 321 班机的全体乘客也都证明，基利安的目击经过完全属实。他们认为，那 3 个飞行物是以前从未见过的。

那个不明飞行物在跟踪了民航客机一个小时后，突然离去。它的到来使飞机的无线电失灵，连机舱内的灯光也变得十分微弱。可就在飞碟离开后，一切又都恢复了正常。许多人在同一时间、同一地区成为 UFO 的目击者，这不能不使人们相信不明飞行物存在的真实性。

空中奇遇

1982年6月18日夜晚，在我国华北北部上空出现不明飞行物。当时正在进行夜航训练的7名飞行员和参加飞行的全体干部、战士200多人，都目睹了这一奇特物体，其中的一名飞行员还在空中与之相遇。

据目击者称，北京时间22点06分左右，不明飞行物伴随着光束以橘黄色的球状体出现。大约25分钟后以巨大的乳白色半圆体消失在河北省张北县以北上空。

空中遭遇

飞行员刘某最早发现并与这个不明飞行物相遇。当不明飞行物飞近他驾驶的歼击机航迹时，无线电联络中断，无线电罗盘失灵，刘某被迫中途返回机场。

事后据刘某描述，当天天气条件很好，他驾驶的飞机飞行正常。22点04分50秒，他的耳朵里忽然出现如同积雨云放雷电似的噪音，而且塔台指挥员的声音变得越来越小，无线电罗盘也失灵了。22点06分50秒，地平线上一个明亮的物体若隐若现，很快就形成了一道橘黄色的光

束，并逐渐上升变亮。约 30 秒后，光束消失，出现一个橘黄色的球状体，并朝着他高速旋转而来。飞行物在旋转飞行时产生一圈一圈的光环，呈现波纹状，可以明显地看出黄、浅绿和乳白 3 种光色。光环的中心还呈现出火焰，像点燃的火药。约 10 秒钟后，光环中心的橘黄体发生了像手榴弹爆炸一样的变化，随后出现了一个急剧膨胀的半圆状体。它迅速扩展，瞬间铺天盖地地悬浮在空中。整个物体呈乳白色，中间深，周围浅，边沿清晰明亮，底部模糊。右下方有一条不规则的竖长形物体，约 2 米长，颜色近似于绿。为了避开这个物体，刘某将飞机上升至3 000米，依然未能奏效，只能被迫返航。飞机在返航飞行 5 分钟后，物体中那个竖着的长条形突然消失，紧接着几块不规则的黑影从他的飞机旁掠过。当飞机回到距离机场 40 千米时，无线电罗盘指示和无线电联络恢复正常。

空中另外 4 架飞机上的 6 名飞行员和广大地面人员的目击情形与飞行员刘某目击的时间，飞行物的形状、光色、运动情况、可见条件和可视直径等基本吻合。

怪事一桩

UFO遭遇事件层出不穷，各地的怪事也接连不断。连续不断的遭遇事件似乎表明，人类与外星人的第三类接触正在不断扩大。

惊险奇遇

1973年5月22日凌晨3点，41岁的巴西圣保罗州公众图书馆馆员巴比罗开着车子回家。那天下着雨，他以每小时90千米的速度行驶在公路上。为了缓解路上的寂寞，他打开了收音机。可当汽车接近一个小山坡时，收音机突然没有声音了。正当他试着调整收音机频道时，车子引擎的响声也突然慢了下来。于是巴比罗又将车速调成二档以增加马力。

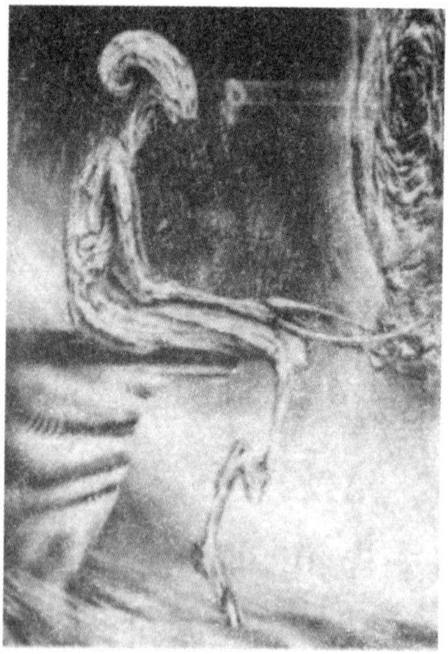

正在此时，他突然发现车子里有一束直径大约20厘米的明亮圆形蓝光。这束“光”慢慢移动，掠过他的工具箱、座位、一个锁着的手提箱、车顶和他的双腿。当这束“光”掠过工具箱时，巴比罗居然可以透过蓝光看到汽车的引擎。

正当巴比罗疑惑之际，他发现有一道明亮的蓝光，从他正要经过的山冈照向他，而且光亮越来越近，越来越明亮。他以为是一辆迎面驶来的货

车，就赶紧把车子开到路旁，并打开车灯，以免相撞。可这辆“货车”却不顾一切地继续向他靠近。恐惧使他急忙俯在车里，双手抱住了头。

他这样在车里待了一会儿，却发觉这辆“货车”并没有经过，就爬了起来。就在这时，他突然看见在离车约15米远的地方悬着一个离地面10米左右的物体。他开始感到闷热和窒息，他走出车想透一下气，却发现外面同车里一样闷热得令人窒息。

他抬起头来，看到一个从来没有见过的奇怪物体。这个物体看起来像两个扣在一起的盘子，大约有7.5米厚、11米宽，表面呈黑灰色，但“盘子”的内部异常明亮。

片刻之后，巴比罗发现有一个“透明的幕布”慢慢地由右至左，把那个奇怪的物体包了起来。当“幕布”把物体完全包住后，那种闷热和缺乏空气的感觉立刻消失了。同时，他看见有一根“管子”从物体底部伸向地面。

巴比罗猛然意识到自己可能遇到了危险，他惊慌失措地向树林里跑去。可这时他觉得好像有什么东西抓着他的背，将他困住了一样。他奋力挥动着手臂，竭力挣脱，却发现背后什么也没有。

巴比罗转过身来，看到那个奇怪的物体还在，而且一道直径大约20厘米的“蓝管子似的光柱”正从物体底部边缘射出来。这道蓝光掠过他的车子时，他惊奇地看到了引擎、座椅和整个车子的内部。由于心

情极度紧张，他昏倒了。

大约过了1小时，有两个年轻人驾车从那里经过，发现巴比罗脸朝下趴在雨地里。他的车子开着前灯，右前门敞开着。这两个年轻人以为巴比罗遭遇了抢劫，赶紧到警察局报了案。

警察赶到现场时，巴比罗仍然毫无知觉地躺在雨里，一张巴西北部公路地图落在车前地上。巴比罗放在车里的手提箱被打开，里面的支票、相片、公文等物品散落在整个车内，巴比罗身上没有任何伤痕。过了好一会儿。巴比罗才逐渐苏醒过来。

巴比罗将他所看到的一切告诉了警察，并确认地图、支票、公文和照片等本来是锁在手提箱里的，而钥匙一直都在他的口袋里。没有任何东西被偷，他的车子也完好无损。

当天下午，已经入院观察的巴比罗感到臀部轻微发痒。第二天，发痒地方的皮肤开始出现不规则、无痛楚的蓝紫色斑点。不久，这些斑点变成很像是瘀伤的黄色。经过一系列的化验和分析，医生们在斑点上找不到任何异物，巴比罗的脑电图也很正常。

后来科学家们对巴比罗进行了催眠实验，实验的结果肯定了这个奇怪事件的真实性。但那奇怪的物体究竟是什么，它对巴比罗做了什么，它有什么样的目的，却没人能回答。

神秘“客人”

一起发生在乌拉圭境内的 UFO 着陆事件引起了人们的关注。经过细致调查，人们似乎可以肯定 UFO 就是外星人的宇航器具。

神秘男女

安·费罗切·哈西奥拉生活在乌拉圭南部的一个庄园，他已经是两个孩子的父亲了。1980 年 6 月 14 日（星期六）凌晨 1 点左右，63 岁的铁匠费罗切正躺在床上听收音机，他的妻子已在他的身旁睡下。突然，他听到外面一阵奇怪的声音传来，便起身出去查看发生了什么事。他走到房门前，从门上的两扇小窗向外张望。他看到门外有两个人在走动，他想可能是自己的两个女儿回家来看望他们，因为她们很长时间没来看他和妻子了。但她们为什么这个时候回来呢？天已经这么晚了。老铁匠正在疑惑之际，突然发现那是两个陌生人，他有些害怕起来。而那两个样子很怪的年轻人，正好奇地盯着他刚刚打开的门灯。就在这很短的时间里，费罗切看清楚了陌生人的外表，那是一男一女，男的站在前头，女的好像在说话。

这两个陌生人有十六七岁的样子，身材比较高大，头发短而卷曲，颜色很黑，在他们的两眉之间有一道很深的疤痕，而且一直延伸到头发里。脸和手都是惨白惨白的。他们的外貌很漂亮，脸圆圆的，脖子比一般人的瘦长。他们看上去像是兄妹两个，身上的连裤服紧贴肌肉，从脖颈起一直套到脚部。费罗切说："那件奇怪的连裤服非常贴身，我甚至觉得他们是赤身裸体的。"那女人身材苗条，很容易分辨出她的性别，据这位铁匠说，那个男青年的双臂、胸部和双腿的肌肉隆起，显得很壮实。

那个男人毫不犹豫地向费罗切走来，而且走得很快。当时，大门关着，而且费罗切已经在用力把门顶住，可是，这一切无济于事，门还是被推开了。费罗切立刻用左手攥住那人手背，但手却蓦然感到剧烈的疼痛，好像被火烧到一样。费罗切奋力顶住大门，不让他进来，可奇怪的是，当他感到手被烧得很疼时，那人推门的劲小了。于是，他用力往外推门，把门关上。让人疑惑不解的是，他们把费罗切的手烧伤后就离开了。当调查人员询问费罗切那只手的质感时，他说当时热量来得极快，还没来得及握紧那人的手，就痛得将手缩回去了。

当时，费罗切的妻子安娜·凰罗迪·费罗切夫人正躺在床上，也隐约听到了外面的声音，但她以为是猪或狗想偷吃他们晒在外头的肉片。正在此时，她突然听到丈夫在喊："不！不！你不能进来。"当听到门砰的一声关上时，她从床上爬起来，并朝饭厅走去。她看到丈夫痛苦地把手挟在腋下，她当时被吓呆了。她的丈夫对她说有两个年轻人想进来偷东西！当费罗切的妻子察看他的手时，发现上面都是很红的小点，可开门朝外头看时，却什么也没看见。

天亮后，他们向警方报了案。警方将安·费罗切送到当地医院进行治疗。他的主治医生对记者说："我看到他的左手上有许多烧伤，这些伤在手的表面，他们呈点状，散布在手心上，是由于手接触到高温东西而引起的，但伤势并不严重。"

后来，调查人员在费罗切的带领下，来到他住房外的一个地方。他们在那里发现了3个小坑，这3个小坑组成了一个每边长约3米的三角形，显然3个小坑是某种很重的庞大物体压成的。这3个坑中有一个比其他两个大一些，深约7厘米，直径有60厘米。这些小坑距离费罗切的房屋约80米远。费罗切先生后来还发现仅那天晚上，电表指示消耗的电竟达600千瓦。可他平常一年也用不了这么多电。费罗切先生还对调查人员说，在离房门不远的一张工作台下面，他闻到了一股从地里面散发出来的很香的香味。乌拉圭的调查人员讲，他们也确实闻到了一股鉴别不出的奇怪气味。这些奇怪的"来客"究竟是谁，人们无从知晓。

UFO 的多种类型

UFO 已经多次到访过地球，在人类有记录的文明史上，目击者所见飞碟的大小形状各异，这实际上给 UFO 研究增加了难度。

根据目击者提供的线索，人们将飞碟大致划分为以下几类：

第一种是直径在 30 厘米左右的超小型无人探测机。人们在标准大小的 UFO 出现前先发现这种飞碟，它们通常为球形或圆盘形。

第二种是直径在 1 米~5 米左右的小型侦察机。曾有人见过此种大小的飞碟着陆，有外星人从飞碟中走出，并在降落地周围进行各项调查。

第三种是直径在 4 米~10 米以上的标准型联络船。多为圆盘形，是最常见的 UFO，地球人被绑架到飞碟的事件，也几乎都是此形飞碟所为。

第四种是直径在几百米到几千米以上的大型母船。大多是圆筒形及圆盘形。但没有人目击到它降落在地面。由于有许多目击者称，有小型或标准型的 UFO 从此型飞碟中飞进或飞出，所以这种飞碟被认为可能是飞碟的大型母船。

除了上述形状，还有类似直升飞机形的飞碟。最近又有云状 UFO 或发光体型 UFO 在世界各地出现，但也有研究人员指出，云状 UFO 可能是圆筒形或圆盘形 UFO 等所排放的云状物，而非 UFO 机体。

外星人的多样类型

目前，根据各国的不明飞行物专家所掌握的材料来看，人们见到的外星人大致可分成：矮人型类人生命体、蒙古人型类人生命体、巨爪型类人生命体、飞翼型类人生命体四类。

矮人型类人生命体

矮人型类人生命体的身高从 0.9 米到 1.35 米不等。与身材比例极不协调的是他们的脑袋很大，前额又高又凸，好像没有耳朵，也可能是他们的耳朵太小，目击者根本看不清。

他们双目圆睁，双眼对光线似乎毫无感觉。他们有着和地球人一样的鼻子，但也有目击者称。他们见到的矮人的鼻子是在面孔中间的两道缝。他们的嘴是一个非常圆的、有奇怪皱纹的孔，下巴又尖又小。他们的两只手臂纤长，脖颈肥大，双肩又宽又壮。见到这类矮人型类人生命体的目击者称，他们都身穿金属制上衣连裤服或是潜水服。

蒙古人型类人生命体

这类类人生命体的身高在 1.20 米~1.80 米之间，各个部位都与地球人相近，肤色黝黑。但形态上很像是亚洲人。

有一位目击者这样描述他所见到的外星来客："他戴着透明的、柔软的头盔，看上去很像亚洲人，面目也像蒙古人，下巴宽宽的，高颧骨、浓眉毛，双眼呈栗色，很像蒙古人的眼睛。他的皮肤很黑。"

从专家们收集到的有关类人生命体的报告来看，人们遇到这种类型的生命体最多。

巨爪型类人生命体

专家们说，人们主要在南美洲的委内瑞拉发现过巨爪型类人生命体。

目击者们说，这些类人生命体全身赤裸，身高在 0.60 米~2.10 米之间不等。他们的手臂很长，与他们的身材极不成比例，手是巨型的大爪子。

1958 年 11 月 28 日凌晨 2 点，两名加拉加斯市（委内瑞拉）的长途卡车驾驶员看到了一个巨型的、闪闪发光的圆盘在地上着陆，一些巨爪型的类人生命体从里面走了出来。有一个浑身发光、头披长发的侏儒朝他们走来。当侏儒离他们很近时，一个司机朝侏儒扑了过去，要把他逮住。可那侏儒力大无比，一下子就把司机打翻在地，转身向圆盘跑去。与此同时，其他类人生命体从圆盘中跑出来解救自己的伙伴，随后他们消失在圆盘中。驾驶员后来告诉调查这次事件的专家们，这个侏儒有像爪子一样的手指，他的手是有蹼的。

这种巨爪型的类人生命体具有侵略性，他们似乎对地球上的人类有敌意。可是，从 1958 年至今，人们就再也没有发现过这种巨爪型的类人生命体。

飞翼型类人生命体

1877 年 5 月 15 日，在英国汉普郡的奥尔德肖特，两名正在站岗的哨兵看到，在军营里有一个穿紧身上衣连裤服、头戴发磷光头盔的人腾空飞了起来。哨兵非常害怕，举枪射击，可是没有打中。

1922 年 2 月 22 日下午 3 点，在美国的哈贝尔，威廉・C・拉姆正在森林里狩猎。突然，响起了一阵刺耳的鸣叫声，响声过后，他看见一个球形物在离他 20 米远的地方着陆了。几秒钟后，他看到一个身高约 2.4 米的人朝那个球形物飞去。

1953 年 6 月 18 日约 14 点 30 分，在美国的休斯敦，霍华德・菲利普斯先生、海德・沃尔克小姐与贾戴・万耶斯小姐，正在东三大街 118

号的花园里散步，突然，他们看见一个戴有头盔的人从他们眼前飞过。

1967年1月11日，生活在美国弗吉尼亚州普莱曾特角的麦克·丹尼尔夫人要到街上买东西。忽然，她发现在她右侧有一个像小飞机一样的东西贴着树梢从大街上飞过，她辨认出那是一个背上长有双翼的类人生命体。

1967年9月29日约10点30分，在法国康塔尔省的居萨克，德尔皮埃夫妇发现地面上停着一个直径为2米的圆球，有4个矮小的生灵在圆球周围飞行后又飞进了圆球内，随之圆球呼啸升空。后来，又从飞行器中飞出来一个乘员，降到地面去寻找他遗忘在那里的一个发光物。他找到后又飞回圆球内，随即圆球便迅速地飞走了。

1967年10月1日约22点，在美国俄克拉何马州邓肯市，在7号国家公路上行驶的司机们发现有3个“怪人”站在公路旁。这些“人”身穿闪着磷光的蓝绿色上衣连裤服，他们的面容很像地球人的脸，但双耳却又大又长。当司机们向他们走过来时，“怪人”们腾空飞起，消逝在夜空中。

此外，人们还曾发现过一些不具有地球人类外形的智能生物。例如，1954年9月27日，在法国汝拉的普雷马农场，人们看到一个长方形的生物从一个飞行器中走出来。专家们分析说这种怪物是受某种智能生物遥控的机器人。

它们属于同一类型吗

外星人的形状多种多样，他们是否属于同一类型呢？答案只有两个：第一，这些外星人不属于同一种文明，并且彼此之间互不相识，所执行的任务也不相同；第二，这些外星人属于同一种文明，他们在执行共同的调查地球的任务时还担负着自己那一部分特殊使命。

这样，人们就会提出这样一个问题：为什么外星人要让地球人发现呢？或者说，通过这些接触，外星人是否企图逐渐与地球人进行联系呢？

对这个问题，由于专家们缺乏两者之间进行对话的材料，所以很难予以回答。

假说四种

各种不明飞行物接连不断地出现，引起了人们越来越多的关注，探究工作也一直在世界各国悄悄地进行着。

美国空军联合美国科罗拉多大学于 1948 年成立了 UFO 调查委员会。1976 年苏联国防部成立了 UF0 研究会。他们对 UFO 现象提出了各种假设，研究结果大体有以下四种：

第一，自然现象学说。把闪电、流星、飞鸟群、人造卫星、气象观测器等错认为飞碟。它的代表性假设是“放电现象假设”。这种放电体形成了高达 10 万伏的超电压，从暴风雨中分离出来游荡在大气层中，并在发生闪电后瞬间消失。这种放电体就是 UFO 整体，晴天也会时常出现。这种假设能够解释有关 UFO 的大部分特征。但是，放电现象最长不过十几秒，且同暴风雨密切关联。而多数不明飞行物却同气象无关联。放电大小只有 4 厘米～5 厘米宽，UFO 比它大数百倍甚至数千倍。所以，这种假说说服力较低。

第二，同地球上文明体有关联的学说。主要是强国秘密兵器假说，如第二次世界大战的法西斯余党制造碟形飞行体，并进行试飞。这种假设根据不充分，并且在常识上不合逻辑，所以这一假说更没有多大说服力。

第三，全身投影学说。即人类无意识的内在心理原形的投影现象说。也就是说，把虚幻错觉认为是实体。这种理论说明不了 UFO 的全部现象，只能说明瞬间消失、分离与合体选择性出现的现象。但雷达捕捉信息不可能是虚幻的。它也解释不了飞碟着陆的痕迹及飞碟被照相和摄像等事实。

第四，外界来源学说。即飞碟是从地球以外的遥远的宇宙空间飞来的飞行物体。他们是比人类更发达文明的生命体，像我们去月球或火星探索一样，他们也到地球上来。这种学说按现代科学原理不可能完全说明 UFO 现象，但绝大多数人相信这一学说。

而且支持第四种假说的人们提出了种种理由，归纳起来共有以下四条：

一、外星人之所以不与地球人进行正面接触，是由于我们地球人的文明程度比他们低得多，他们还不能与我们直接沟通，正如人无法与猴子沟通一样。

二、外星人已掌握无限延长生命的方法，同时，他们已不像地球人那样依靠食物维持生存，并且他们已能利用宇宙射线作为飞行器的推动力。

三、人类的历史在宇宙的演化中只是短短的一瞬，现有的科技水平只是人类认识宇宙的起步阶段。广袤的宇宙中更为广泛、更为深奥的运动规律尚未被人类揭示。因此我们不能用我们现有的科技水平来判断外星人的科技、文化状况，外星人的文明程度很可能遥遥领先于我们。

四、既然太阳系这个较为年轻的天体系统中能产生高级生命，那么我们就没有理由怀疑宇宙中的某些星球上，其生物也必然从低级向高级逐渐发展，最后产生出高级智慧生命体。

探寻 UFO 飞行原理

UFO 究竟是客观存在的自然之谜，还是由种种自然现象所引起的错觉。或纯粹只是某些人的主观幻觉呢？

若干年来，不少科学家都在这一问题上花费诸多精力，试图揭开谜底。坚信 UFO 是外星人操纵的宇宙飞船的科学家，对此做出了他们的解释。尽管有些看法可能在某一方面或某一环节上存在着一定缺陷，但就总体而言，这为启迪人类的智慧、开阔人类的视野打开了新的局面。

在探索宇宙的过程中，所碰到的一个重大困难就是能源障碍。人类在不同的历史发展阶段，用不同的方法获得能源。从科学发展史来看，对微观世界研究得越深入，人类所获取的能源也越经济、越强大、越充足。所以我们如果要得到比原子能更为强大的能源，唯一的办法就是研究微观世界更深层的结构。对于更深一层的研究，科学家认为，应从基本粒子着手。

所谓的基本粒子是指自然界中更为深层结构的粒子，夸克就是构成这种基本粒子的更小单位。在未激状态中，夸克场在量子物理中被称为物理真空。所谓真空，并不是空无所有。事实上，真空本身就是一种物理介质，当外部的能量施于真空，或者用重力场使其变形时，真空中就会产生出真实的粒子，而且会使真空具有独特的能量。有的科学家已经预言，随着微观世界深层结构的奥秘不断被揭示，人类应该对空间和时间的基本概念重新进行审视，一些以前和现在人们无法想象的现象也将成为不可否认的事实。

如果真空中存在着不受限制的内部能源，那么银河核、类星体及宇宙爆炸就有可能是这种真空能的表现形式。自然规律对于整个宇宙来说都是相同的，科技高度发达的外星球居民，正是在深入到微观世界的研究中洞察了真空能的奥秘，将它应用在宇宙飞船上。他们的宇宙飞船才能在茫茫无际的太空中遨游，从周围不断地汲取原动力，进行超越地球人想象的超远距离、超高速度的运动。

在人们所观察到的所有 UFO 事件中，飞碟不仅有高速飞行的惊人能力，同时又能克服加速飞行时所产生的超重障碍。科学家推断：

在微观世界的深处，外星人可能已经找到了一个能产生强大重力场的新机制并设立了一个“大场”，他们正是依靠这种对地球人来说还完全是幻想式的重力场机制，来克服超重的困难。现在已经有科学家开始研究这种“大场”。

飞碟是否能以超光速飞行，这是科学家们非常感兴趣的问题，他们正在探索宇宙中到底有没有以超光速运动的物质。

从理论上讲以超光速运动是完全可能的。物理大师爱因斯坦所创立的相对论，在逻辑上也允许存在两个世界：一是我们目前所处的慢速世界，即以不超过光速运动的世界；一是快速世界，即以超光速运动的世界。

高速物质的主要特点在我们慢速世界里是无法发现的。它们以一种任何力量都无法超越的界线，将我们同它们隔离开，并且永远不同我们发生任何关系。高速世界所积聚的能量不是随速度的提高而增加，而是随速度的提高而减少。在慢速世界中零点能同静止状态相适应。在高速世界中，零点能同无限高速运动相联系，一旦速度减慢到接近光速时，能量会骤然增加，以至达到无穷。

周围世界远比我们已知的要复杂得多，尽管高速物质还仅仅是个假设，但我们不能排除这种可能性，随着我们知识水平的提高，在科学高度发达的未来，令人惊叹不已的超光速物质会带领我们进入更广阔的天地。